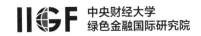

2020 中国气候融资报告

2020 China Climate Financing Report

崔　莹　周杰俣　著

中国金融出版社

责任编辑：肖　炜　董梦雅
责任校对：潘　洁
责任印制：张也男

图书在版编目（CIP）数据

2020 中国气候融资报告／崔莹，周杰俣著．—北京：中国金融出版社，
2022.5
　ISBN 978-7-5220-1606-1

　Ⅰ.①2… Ⅱ.①崔… ②周… ③刘… Ⅲ.①气候变化—融资—研究
报告—中国—2020 Ⅳ.①P467-05

　中国版本图书馆 CIP 数据核字（2022）第 070008 号

2020 中国气候融资报告
2020 ZHONGGUO QIHOU RONGZI BAOGAO

出版
发行　**中国金融出版社**

社址　北京市丰台区益泽路 2 号
市场开发部　（010）66024766，63805472，63439533（传真）
网 上 书 店　www.cfph.cn
　　　　　　（010）66024766，63372837（传真）
读者服务部　（010）66070833，62568380
邮编　100071
经销　新华书店
印刷　河北松源印刷有限公司
尺寸　169 毫米×239 毫米
印张　8.25
字数　125 千
版次　2022 年 5 月第 1 版
印次　2022 年 5 月第 1 次印刷
定价　42.00 元
ISBN 978-7-5220-1606-1
　如出现印装错误本社负责调换　联系电话（010）63263947

本书获国家社会科学基金重点项目（18AZD013）"中国绿色金融体系构建及发展实践研究"的支持。

关于本报告

中央财经大学绿色金融国际研究院（IIGF）

中央财经大学绿色金融国际研究院（以下简称绿金院），是国内首家以推动绿色金融发展为目标的开放型、国际化研究院。绿金院前身为中央财经大学气候与能源金融研究中心，是中国金融学会绿色金融专业委员会的常务理事单位。绿金院以营造富有绿色金融精神的经济环境和社会氛围为己任，致力于打造国内一流、世界领先的具有中国特色的专业化金融智库。

中央财经大学气候与能源金融研究中心（RCCEF）

中央财经大学气候与能源金融研究中心成立于 2011 年 9 月，已连续十年发布《中国气候融资报告》，基于广义的全球气候融资概念，形成了气候资金流的分析框架，构建了中国气候融资需求模型，并从国际气候资金治理以及中国气候融资的发展角度，逐年进行深入分析，积累了一系列的气候融资研究成果。基于长期信任与合作的基础，气候与能源金融研究中心与财政部建立了部委共建学术伙伴关系。

作者

崔　莹	中央财经大学绿色金融国际研究院助理院长
周杰俣	中央财经大学气候与能源金融研究中心研究员
刘慧心	中央财经大学气候与能源金融研究中心副主任
奉椿千	中央财经大学气候与能源金融研究中心特邀研究员
洪睿晨	中央财经大学气候与能源金融研究中心特邀研究员
刘玉阳	中央财经大学气候与能源金融研究中心研究助理
刘子畅	中央财经大学气候与能源金融研究中心研究助理

前　言

　　气候变化是当前人类社会面临的巨大威胁之一，气候变化所伴随的全球温度升高将对全球生态以及人类的安全带来破坏性后果。为了应对气候变化，全球各国已相继提出应对气候变化的阶段性目标，2020年9月，中国国家主席习近平在第七十五届联合国大会一般性辩论上提出中国"二氧化碳排放力争于2030年前达到峰值，努力争取2060年前实现碳中和"的愿景，明确了我国应对气候变化的总体目标。

　　为助力中国有序实现国家自主贡献目标和低碳发展目标，持续推进应对气候变化的相关工作，首先需要保障气候资金的充分供给。生态环境部、国家发展改革委、中国人民银行、中国银保监会、中国证监会五部门于2020年10月联合发布了《关于促进应对气候变化投融资的指导意见》，提出要大力推进应对气候变化投融资（以下简称气候投融资），以引导和撬动更多社会资金进入应对气候变化领域，从而进一步激发潜力、开拓市场，推动形成减缓和适应气候变化的能源结构、产业结构、生产方式和生活方式。作为中国在应对气候变化领域推动气候资金供给和筹措的重要领域，中国气候金融方兴未艾。

　　2020年是中国气候金融蓬勃发展的一年。一方面，气候投融资政策体系构建进一步完善，《关于促进应对气候变化投融资的指导意见》首次从国家政策层面将气候投融资提上议程；另一方面，全国碳市场的第一个履约周期从2021年1月1日开始，且生态环境部于2021年1月5日发布了《碳排放权交易管理办法（试行）》，在交易活动、监管及违约惩罚等方面做了全面规定，为全国碳市场正式进行交易奠定基础。此外，在政策的支持下，绿色金融体系持续发展，绿色金融工具撬动气候资金的能力不断显现。气候信贷占比不断提升，气候投融资信贷工具余额占绿色信贷余额的比例将近70%，

1

投向低碳节能领域的绿色基金比例进一步扩大，且国家绿色发展基金成立更是进一步刺激资本对绿色投融资方面的热情。同时，全国众多城市已经利用巨灾保险+农业保险等气候风险相关保险来保障居民的经济生活生产安全。

2020 年的另一国际焦点问题是生物多样性保护，这不仅备受各国公共与私营部门关注，也与气候变化密切相关。2019 年 2 月 13 日，中国生物多样性保护国家委员会会议确定 COP15 大会的举办地为云南省昆明市。受疫情影响，原定于 2020 年 10 月举办的 COP15 大会推迟至 2021 年 10 月。此次 COP15 大会主题为"生态文明：共建地球生命共同体"，将继"爱知生物多样性目标"后审议"2020 年后全球生物多样性框架"，确定 2030 年全球生物多样性保护目标，以及制定 2021—2030 年新的十年全球生物多样性保护战略。

由于新冠肺炎疫情影响，原定于 2020 年举办的第二十六届联合国气候变化大会延期至 2021 年底，不过多边开发机构、主要国家一直在提倡积极合作应对气候变化挑战，团结一致走出一条绿色、可持续的经济复苏之路。鉴于中国在绿色金融领域的领先经验和国际影响力的提升，中国必将成为全球气候治理中举足轻重的角色，推动世界各国应对气候变化的积极合作，同时为全球气候金融的发展起到示范与促进作用。

目　录
Contents

1

一、全球气候融资进展

面对日益升高的全球温度以及日益增多的极端气候事件，全球各国需要以可持续发展为目标，共同应对全球变暖并将升温控制在1.5℃以内。尽管《哥本哈根协定》《巴黎协定》等应对气候变化文件先后签署生效，但是当前各国应对气候变化的措施仍然不足，还需着力制订应对气候变化的目标和计划，以实现减排和降低气候变化影响的目标。目前，各国气候投融资规模已达到历史新高，但还远不足以实现将升温控制在1.5℃的气候目标，每年气候投融资的资金缺口仍然巨大。

（一）全球气候融资规模呈上升趋势，但资金缺口仍然巨大

1. 各国采取多项应对气候变化举措，但仍不能满足温控目标要求

世界气象组织的最新研究显示，人类活动已造成全球温度比工业化之前上升大约1.2℃。在不加干预的情况下，全球气温可能在2030年到2052年上升1.5℃。极端天气研究显示每0.5℃的全球升温都会带来显著的极端天气模式变化。全球气温急速上升带来的后果包括：洪水和干旱等自然灾害频率和严重程度的增加，海平面迅速上升从而导致低洼海岸线和小岛地区海水腐蚀以及基础设施受损的风险增加，陆地上物种消失和灭绝的风险增加等。因此，全球各国均需以可持续发展为目标，共同应对全球变暖，并将升温控制在1.5℃以内。2015年通过的《巴黎协定》，现今已有196个国家签署并在191个国家生效。其中应对气候变化的各项举措包括：提升能源效率、降低燃料的碳排放强度、电气化改革和土地用途的改变，此类应对气候变化措施在全球各个国家都在进行。与此同时，许多研究机构也表明了同时实现经济发展与全球升温控制在1.5℃以内的可能性。

尽管如此，当前各国应对气候变化的措施仍然不足，还需着力制订应对气候变化的目标和计划，以实现减排和降低气候变化影响的目标。在国家层

面实施大规模的应对气候变化的计划对各国的资金能力与技术储备等方面都提出了较高要求,尤其对于发展中国家来说,更需要大量资金支持来进行相关建设以达到减排目标,对气候投融资的需求达到了前所未有的高峰。当前,投融资对减缓和适应气候变化的重要性在政策和投资者角度都有所体现,例如《联合国气候变化公约》《京都议定书》《巴黎协定》等文件为气候投融资奠定了政策理论基础。同时,全球影响力投资网络(GIIN)的全球影响力投资调查显示,50%的受访者表示他们在投资时将会对如《巴黎协定》等全球公约作出贡献作为一个重要的决定因素。但目前阶段,虽然各国的气候投融资当前已达到了历史新高,还远不足以实现 1.5℃的气候目标,每年气候投融资的资金缺口仍然巨大。后续,一方面全球公共资源及其他优惠性财务资源需要以更加具有变革性的方式综合利用起来,以撬动气候投融资;另一方面,各国政府、各类企业公司、金融机构以及私人投资者需要在可持续低碳发展的背景下互联合作,共同参与气候投融资工作。

2. 气候融资金额波动上升,但仍存巨大资金缺口

根据气候政策倡议组织(CPI)最新发布的《2019 年全球气候投融资报告》,2012—2018 年,全球各类投资者对气候相关投融资呈现整体上升的趋势,2017—2018 年,全球气候投融资规模首次突破 5000 亿美元,比 2015—2016 年增加 24%。据估算,2019 年,全球气候相关投融资预计达到 6080亿~6220 亿美元[①],这主要源于中国、印度和美国可再生能源装机容量的增加,以及公共部门对土地用途改变和能源效率提升投资的增加。2018 年全球气候投融资下降了 11%,跌至 5460 亿美元。这一变化主要是由于东亚和太平洋地区政策的变化,全球经济发展速度减缓以及新能源投资成本的显著下降,但是全球气候投融资仍存在巨大缺口。据估计,仅基础设施建设至 2030年就需每年平均额外投入约 1 万亿美元,以使电力、建筑、交通与工业等高碳排放行业符合低碳转型要求。这一数字尚未包含林业、农业、航空等重要

---

① CPI. Updated View of Global Landscape of Climate Finance 2019 [R/OL]. [2020-12-18]. https://www.climatepolicyinitiative.org/publication/updated-view-on-the-global-landscape-of-climate-finance-2019/.

减排行业与气候适应资金需求，但也远远大于当前的全球气候投融资总规模。①

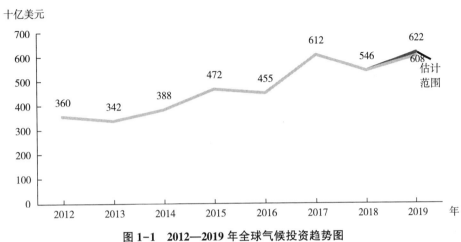

图1-1　2012—2019年全球气候投资趋势图

（数据来源：CPI，《2019年全球气候投融资报告》）

（1）气候投融资的来源和媒介——公共部门和私营部门

公共部门的气候投融资资金主要来自政府部门、气候基金和各类金融机构。2017—2018年公共部门提供的气候投融资资金平均规模比2015—2016年提升18%，达到2530亿美元，占全球气候投融资比例的44%。开发性金融机构（DFIs）参与的气候投融资仍然是公共部门气候投融资的主要组成部分（占84%）。在未来，气候投融资的增长仍有赖于开发性金融机构。2020年，新冠肺炎疫情的暴发为全球气候投融资带来了不确定性。疫情的影响主要表现为整体经济的下滑以及公共部门投资结构的变革，对各个国家的影响也因各国的经济发展情况不一而各有差异。

私营部门气候投融资主要来自家庭、非金融企业部门、商业金融机构（银行）、各类机构投资者以及各类公募私募基金。来自私营部门的资金在2017年也达到了历史最大规模——3300亿美元，比2016年增加了43%。但由于全球经济环境的变化，私营部门的投资在2018年也有小幅下降，降至

① NCE. Infrastructure investment needs of a low-carbon scenario [R/OL]. [2014-12]. http：// newclimateeconomy. report/workingpapers/wp - content/uploads/sites/5/2016/04/Infrastructure - investment - needs-of-a-low-carbon-scenario. pdf.

3230亿美元。企业端的气候投融资在私营部门中占比最大，在2017—2018年占到56%。不过，由于近年来商业金融机构以及个人在气候相关投融资中的参与度不断提升，来自企业端的投融资占比呈现持续下降的趋势。值得关注的是，尽管私营部门气候投融资整体呈现不断上升的趋势，但是商业银行对于传统化石燃料公司的贷款在2019年达到6500亿美元，说明商业银行整体投融资策略还需要进行调整以符合低碳的可持续发展战略。根据CPI的数据，估计2019年私营部门气候投融资将与2017—2018年平均投融资水平相当，但受新冠肺炎疫情影响，2020年3月全球私营部门投融资显著下降，会对气候投融资规模造成影响。[①]

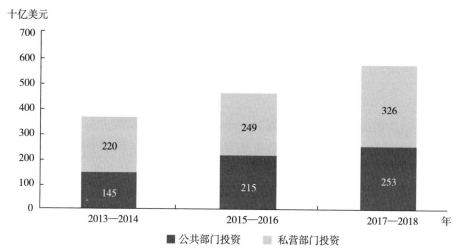

图1-2　2013—2018年全球气候投融资总量两年均值（按公共部门和私营部门划分）

（数据来源：CPI，《2019年全球气候投融资报告》）

（2）气候投融资仍主要用于减缓气候变化

气候投融资主要有两大用途，即减少温室气体的排放和增强社会系统对气候变化带来影响的适应性。如表1-1所示，2017—2018年，93%可溯源的气候投融资用于减缓气候变化，平均每年达到5370亿美元，比2015—2016年增加了1010亿美元左右。其中，新能源投资是气候投融资的主要组成部

---

① CPI. Updated View of Global Landscape of Climate Finance 2019 ［R/OL］. ［2020-12-18］. https：//www. climatepolicyinitiative. org/publication/updated-view-on-the-global-landscape-of-climate-finance-2019/.

分，占比较 2016 年提升了 30%。不过，随着新能源科技的日益成熟，发电成本逐年下降，对于新能源发电的投融资规模在 2017—2018 年有一定下滑；同时，由于新冠肺炎疫情影响，估计 2020 年新能源投资会下滑 10%左右。[①]

同时，用于适应气候变化的投融资规模尽管总体较小，但逐年提升。全社会提升适应气候变化能力的紧迫性在不断提高，这也体现在气候适应资金需求的持续增长。适应气候变化的资金主要由公共部门提供，在整体资金规模增加的同时在各个领域用途分配也更加均衡，主要集中在污水处理、农业以及自然灾害风险管理三个方面。尽管如此，目前针对适应气候变化的资金供给仍远远不足以达到适应气候变化目标所需规模。在最近召开的全球适应气候变化峰会上，联合国秘书长古特雷斯表示，在第 26 届气候变化大会召开之前，所有的捐赠者和多边开发银行应该保证在 2024 年之前 50%的气候投融资用于适应气候变化[②]，进一步强化了适应气候变化投融资的重要性。

表 1-1 2017—2018 年全球气候适应、减缓项目投融资规模（按用途划分）

单位：十亿美元

板块	2017 年	2018 年
气候适应项目	25	34
——农业、林业、土地使用、自然资源管理	7	7
——海岸保护	0.4	0.1
——灾害风险管理	4	9
——工业、采掘、制造 & 贸易	0	0.1
——基础设施、能源及其他建筑	2	3
——其他/涉及多个板块	2	4
——政策和国家预算支持 & 能力建设	1	0.3
——供水及污水处理	8	11
气候减缓项目	574	500

① CPI. Updated View of Global Landscape of Climate Finance 2019［R/OL］.［2020-12-18］. https：//www.climatepolicyinitiative.org/publication/updated-view-on-the-global-landscape-of-climate-finance-2019/.

② UNFCCC. António Guterres：50% of All Climate Finance Needed for Adaptation［EB/OL］.［2021-01-25］. https：//unfccc.int/news/antonio-guterres-50-of-all-climate-finance-needed-for-adaptation.

续表

板块	2017 年	2018 年
——农业、林业、土地使用、自然资源管理	12	9
——能源高效利用	36	32
——低碳科技	0.1	0.4
——减少非能源类温室气体排放	1	0.5
——其他/涉及多个板块	9	8
——政策和国家预算支持 & 能力建设	1	0.3
——可再生能源生产	350	322
——低碳交通	159	122
——电力能源等传输 & 分配系统	4	3
——固废危废废水处理	2	3

数据来源：CPI，《2019 年全球气候投融资报告》。

（3）气候投融资资金流动以本国国内为主

就气候投融资资金国境流动情况而言，75%的气候资金流动发生在本国内，表明投资者更偏好在熟悉的环境下进行投资，也从侧面说明本国国内监管体系对气候投融资的重要性。从地域方面看，61%的包含本国国内和国际间流动的气候投融资资金主要用于支持以东亚和太平洋地区为主的发展中国家的项目建设①。

表 1-2　2017—2018 年全球 OECD 及非 OECD 国家气候投融资资金流向

单位：十亿美元

地区	2017 年	2018 年
本国内流动	480	388
——非 OECD	315	205
——OECD	164	178
——跨地区	1	6
国际间流动	128	152

---

① CPI. Updated View of Global Landscape of Climate Finance 2019 ［R/OL］. ［2020-12-18］. https：//www.climatepolicyinitiative.org/publication/updated-view-on-the-global-landscape-of-climate-finance-2019/.

地区	2017 年	2018 年
——从非 OECD 到 OECD	5	4
——从非 OECD 到非 OECD	31	38
——从 OECD 到非 OECD	42	54
——从 OECD 到其他 OECD	42	46
——多地区间流动	9	9

数据来源：CPI，《2019 年全球气候投融资报告》。

3. 发达国家未兑现对发展中国家气候援助承诺

发达国家对发展中国家的气候融资相对其承诺仍然存在很大缺口。2009年，在哥本哈根气候大会上发达国家作出了"至 2020 年每年为发展中国家提供 1000 亿美元气候资金"的承诺，但根据 OECD 的估计，发达国家对发展中国家提供的气候融资金额在 2019 年不足 800 亿美元，离 1000 亿美元还有相当距离，且这一数字包含了约 140 亿美元的私营部门融资，同时赠款比例约20%。[①] 有许多国家及国际组织指出 OECD 的估算方法会导致数据被显著高

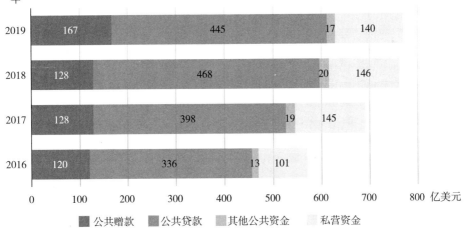

图 1-3　2016—2019 年发达国家对发展中国家气候融资规模

（数据来源：OECD（2021），Climate Finance Provided and Mobilised by Developed Countries）

[①]　OECD. Climate Finance Provided and Mobilised by Developed Countries ［R/OL］.［2021-09-17］. https：//www. oecd-ilibrary. org/docserver/03590fb7-en. pdf？expires = 16376331 08&id = id&accname = guest&checksum=47FB2004DACCEC5FE17F8C757D86FF85.

估，实际气候融资规模远小于 800 亿美元。由于发达国家仍迟迟未能履行承诺，发展中国家应对气候变化挑战的进程也因此被拖慢，严重阻碍气候行动目标的实现，也对国际气候合作形成阻碍。

另外，由于发达国家之间经济规模存在巨大差异，能够提供的气候资金规模也各不相同，在"1000 亿美元"承诺中具有不同的应分摊份额。2016—2018 年，联合国气候变化框架公约（UNFCCC）附件Ⅱ中的 23 个国家（如图 1-4 所示）作为典型发达国家，对这一承诺作出了各不相同的贡献，少部分国家已超出其应有份额，而近半国家未达这一目标的一半。

图 1-4　2016—2018 年发达国家公共气候资金占 GNI 比重及实现应分摊份额的进度

（数据来源：Bos, J & Thwaites, J. (2021), a Breakdown of Developed Countries' Public Climate Finance Contributions Towards the $100 Billion Goal）

以各国国民总收入（GNI）作为各国经济规模及应承担气候资金份额的参照，美国的 GNI 在 23 国中约占 44%，相应地，在 1000 亿美元中美国应承担 440 亿美元的份额，但实际上 2016—2018 年美国的年均公共气候融资额仅 76 亿美元，相当于仅兑现了其应有分摊份额的 17%，在各发达国家中排名倒数第一，以气候资金规模占 GNI 之比作为衡量指标，仅达到了德国的十分之一。

在这 23 个国家中，仅卢森堡、法国、日本、德国的实际气候融资额大于其应分摊份额，而日本、法国虽资金总规模相对较高，但其中近 90% 是贷款而非赠款，贷款比例远大于其余发达国家，接受资金的国家事实上在应对气候变化进程中仍有较大压力。而赠款才是代表发达国家愿意通过援助发展中国家以践行应对气候变化行动中"共同但有区别的责任"原则的形式。[①]

（二）气候投融资工具较为单一，创新有待提升

目前，尽管各国的气候投融资规模已达到历史新高，但还远不足以实现 1.5℃ 的温控目标，每年气候投融资的资金缺口仍然十分巨大。一方面，各国政府、各类企业、金融机构以及个人投资者需要在可持续发展的背景下互联合作，共同参与气候投融资业务；另一方面也需要探索多元化气候投融资工具，通过创新的投融资工具来支持应对气候变化的行动。创新性金融工具的使用对撬动更多公共和私人资本支持气候投融资将起到关键性的作用。

1. 全球气候投融资工具以债务融资工具为主

通常情况下，按照类型进行划分，气候融资工具主要包括债务融资工具、股权融资工具以及赠款（不要求偿还）。大部分的气候资金都是以债务融资（包括市场利率及低利率基于企业或项目的债务融资）的方式获得，以债务融资方式获得的资金在 2017—2018 年占全部气候投融资比重的 66%。债务融资方式再细分，包括基于资产负债表的债务融资、低利率项目债务融资、市场利率的项目债务融资等。其中以市场利率的项目债务融资占比最大，占债务融资比重的 59%，主要借款方是多边及国家开发性金融机构（DFIs）。股权融资作为另一大气候融资工具，占气候融资整体的比例变化不大，2015—2016 年占比 30%，2017—2018 年占比 29%，股权融资中又以企业层面的股权

---

① Bos, J., Gonzalez, L. and Thwaites, J. Are Countries Providing Enough to the $100 Billion Climate Finance Goal？[EB/OL].[2021-10-07]. https：//www.wri.org/insights/developed-countries-contributions-climate-finance-goal.

融资为主，占股权融资比重的74%。① 另外，近年来，公共部门为创造一个积极的气候投融资环境，同时为了向投资者展示可持续投资项目的可行性，对气候项目投资的赠款占比不断扩大，呈现持续上升的趋势。

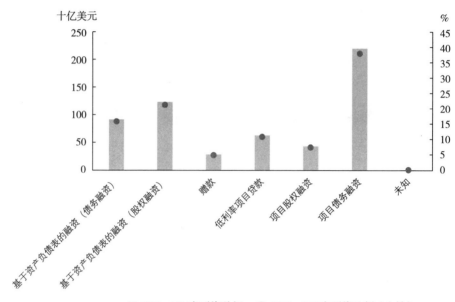

■ 2017—2018年融资总额   ● 2017—2018年融资比例（右轴）

图 1-5　2017—2018 年全球气候投融资总量均值（按金融工具划分）

（数据来源：CPI，《2019 年全球气候投融资报告》）

　　国际开发性金融俱乐部发布的绿色金融报告也显示，2015—2018 年贷款始终是俱乐部成员进行绿色金融融资的主要工具，在 2018 年占比达到 96%，其中优惠贷款和市场利率贷款占比分别为 29%和 67%。其他工具诸如补助和股权投资在开发性金融机构绿色投资中占比不足 1%②。总而言之，目前气候投融资工具仍以债务型融资工具为主，股权型、混合型投融资工具、保险类、期货类创新气候投融资工具较少使用。

---

　　① CPI. Updated View of Global Landscape of Climate Finance 2019 ［R/OL］. ［2020-12-18］. https：//www. climatepolicyinitiative. org/publication/updated-view-on-the-global-landscape-of-climate-finance-2019/.

　　② International Development Finance Club. IDFC Green Finance Mapping Report 2019 ［R/OL］. ［2019-12-11］. https：//www. idfc. org/wp-content/uploads/2019/12/idfc_report_final-2. pdf.

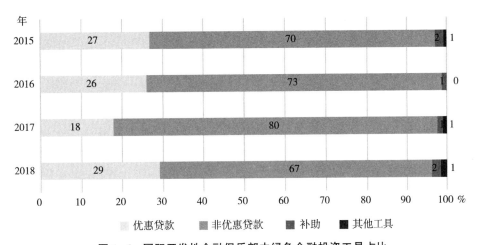

图 1-6　国际开发性金融俱乐部中绿色金融投资工具占比

（数据来源：国际开发性金融俱乐部，《2019 年绿色金融地图报告》）

2. 创新气候投融资工具大有潜力

目前，气候投融资工具以债务型产品为主，随着金融产品的不断创新以及适应解决实际问题的需要，一些当前较少使用的气候投融资工具如节能保险、混合融资工具将在未来有巨大的发展潜力。

（1）节能保险可用于解决中小企业提升能源效率面临的融资难题

全球气候金融创新实验中心（The Global Innovation Lab For Climate Finance）用多个实例证明了气候融资工具不仅仅局限于传统的债务融资和股权投资。如为解决中小企业提升能源效率面临的融资困难问题，美洲开发银行提出了节能保险（Energy Savings Insurance）这一金融工具。鉴于中小企业通常缺乏评估资本密集型节能投资潜力的能力，同时投资者也对中小企业在节能投资上的偿债能力缺乏信心，中小企业在节能方面的投资往往不足。一旦中小企业安装的节能产品未达到预期的节能效果，节能保险将自动补齐这一差距造成的资金缺口，减少企业的损失。因此，节能产品供应商可以通过购买节能保险来打消中小企业对节能产品效果的疑虑，从而提高节能产品在中小企业中的普及率。节能保险这一融资工具在 2016 年提出之后很快就在拉丁美洲的其他国家得到了广泛的应用，2020 年，节能保险在欧洲多个国家也得到了推广，迄今为止，节能保险撬动的气候投融资规模大约为 2.5 亿美元①。

（2）长期外汇风险管理工具助力解决在发展中国家投资的外汇和利率风险

发展中国家是气候投融资资金的主要接收者，但由于大多数发展中国家各方面建设尚不完善，绿色投资者在发展中国家投资面临各种各样的问题。比如，外汇风险一直是在发展中国家进行新能源投资的主要阻碍之一，尤其是对于金融市场尚不完善的国家，投资者大多使用美元或欧元等外国货币进行项目投资。使用外国货币投资时，一旦当地货币贬值，投资者将遭受巨大的损失。货币外汇基金（The Currency Exchange Fund，由多家多边开发银行共同设立）通过长期外汇风险管理工具为此类风险提供了解决方案。通过使用远期合约和互换合约的金融工具，货币外汇基金将在发展中国家进行投资的外汇风险转移到自身。目前，货币外汇基金获得的政府相关支持资金使其足以在 2045 年之前可对冲超过 15 亿美元的潜在投资外汇风险。

（3）混合融资模式通过公共资金引领作用，能更好解决私人资本在气候投融资领域的投资风险问题

在当前已得到广泛使用的债务融资工具和股权融资工具的框架下，同样可以创新投融资方式来支持应对气候变化的行动。例如，混合融资模式通过利用有限的公共资金来撬动更多私人资本进入应对气候变化领域，目前已获得大力推广。混合融资模式通过公共资金的引领作用，可以更好地解决私人资本在气候变化领域面临的投资风险问题。据统计，基金是混合融资模式使用的最常见的载体，在 2017—2019 年间占比约 37%。这一情况表明，相对于交易成本可能更高的其他混合融资工具，基金为投资者带来了更好的投资效率，受到投资者的青睐，是动员私人资本实现可持续发展目标的重要工具。标准化、简单化、效率化是混合融资市场发展的重要基础，而混合基金的这种吸引力表明，混合结构的使用已经达到一定的标准化水平。此外，在过去三年，交易类型也呈现更加多元化的趋势，基金占投资工具的比例下降，而

---

① CPI. Updated View of Global Landscape of Climate Finance 2019 [R/OL]. [2020-12-18]. https://www.climatepolicyinitiative.org/publication/updated-view-on-the-global-landscape-of-climate-finance-2019/.

债券/票据、可持续发展债券的使用逐渐增加①。

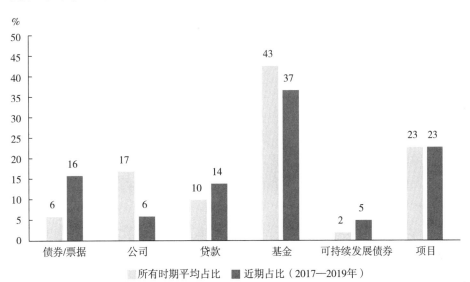

图1-7　混合融资工具各类型占比

（数据来源：Convergence，《2020全球混合融资工具报告》）

（三）全球碳市场展现良好韧性，稳步发展

2020年对于全球碳市场来说是特殊的一年，新冠肺炎疫情对各国经济带来冲击的同时，也对各地碳市场的运行造成了一定程度的影响。不过全球碳市场在此次冲击中均保持了较强的韧性，且在碳中和目标被许多国家和地区纷纷确定的背景下，各国碳市场不断发展，相关政策不断完善。2021年3月，国际碳行动伙伴组织（International Carbon Action Partnership，ICAP）发布了《2021全球碳市场进展报告》，世界银行于2021年5月发布《碳定价机制发展——现状与未来趋势2021》报告，对全球各地区碳市场2020年的发展特征及未来方向进行了梳理和预测，本部分将对报告内容进行总结，梳理全球主要碳市场进展情况。

---

① Convergence. The State of Blended Finance 2020 ［R/OL］. ［2020－10－28］. https：//www. avca－africa. org/media/2684/the_state_of_blended_finance_2020_final. pdf.

1. 疫情影响下，全球碳市场展现良好韧性

在疫情暴发初期，全球经济放缓，碳排放量减少，造成对碳排放配额需求的减少，导致碳市场价格以及碳配额拍卖收入的下降。但经过短暂的波动之后，全球大部分碳市场交易重新趋于稳定，碳价与成交规模逐步回升至疫情前水平。与此前国际金融危机下的市场情况相比，全球碳市场基本经受住了此次疫情的冲击，并且展现出良好的市场韧性。同时，碳市场的良好运行也为各国政府带来额外收入，截至2020年底，全球各个碳交易体系已通过拍卖配额筹集超过1030亿美元，重点用于资助气候变化领域项目，包括能效提升、发展低碳交通和可再生能源开发利用，支持能源密集型产业，以及扶持弱势群体和低收入群体。

《2021全球碳市场进展报告》指出，碳市场得以稳步发展，主要有以下两点原因：

第一，过去几年中，全球主要碳市场设计和实施了一系列市场稳定机制，创新了规范性的和可预测的市场定价以及价格调控工具，帮助碳市场在结构性供求失衡的环境下持续有效运行。

第二，碳市场作为政策工具不断改革完善，并且被纳入各国总体气候政策框架当中，2030年气候目标和长期净零排放承诺的提出也强化了政策的确定性和持久性，提振公众对碳市场的信心。

得益于各国气候政策的进一步明确，碳市场逐渐成为更多国家在应对气候变化工作中所选择的重要工具。在过去的一年里，全球碳市场运行范围不断扩大，对全球温室气体排放量的覆盖率由2019年的9%增长至2020年的16%，运行范围跨越超国家机构和地方省市，对全球生产总值的覆盖率也由前一年的42%增长至54%。全球主要经济体的重点排放行业均一定程度上受到碳市场的约束，主要涉及电力、工业、建筑、交通、国内航空、废弃物处理、林业七大领域，其中电力和工业在多数碳市场中得到涵盖。然而，各国在碳市场的排放覆盖力度上未体现出明显的提升，加利福尼亚州、哈萨克斯坦、欧盟、马萨诸塞州的碳市场排放覆盖率都有不同程度的下降。此外，中国试点地区行业覆盖比例由53%降至32%，其主要原因是原先在试点碳市场中覆盖的电力行业划分到2020年最新规划的全国碳市场中，而2021年新增的中国全国碳市场对区域内的温室气体排放覆盖比例达到40%，也是2020年

全球碳市场规模大幅增长的重要来源①②。

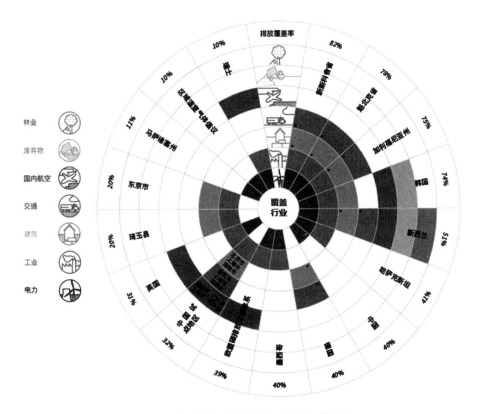

图 1-8　全球主要碳交易体系排放行业覆盖

（数据来源：ICAP. Emissions Trading Worldwide：ICAP Status Report 2021）

2. 各地区碳市场持续推进绿色低碳发展

2020 年，全球碳市场的版图经历了一系列的演变发展，部分国家碳市场经过调整后提升了覆盖范围和灵活性，部分国家碳市场则相继投入运营。尽管 2020 年受疫情影响，各国经济发展缓慢，但并不影响主要碳市场对绿色低碳发展的推进进程。

---

① ICAP. Emissions Trading Worldwide：ICAP Status Report 2021 ［R/OL］．［2021-03-29］．https：//icapcarbonaction. com/en/publications/emissions-trading-worldwide-icap-status-report-2021.

② World Bank Group. State and Trends of Carbon Pricing 2021 ［R/OL］．［2021-05-25］．https：//openknowledge. worldbank. org/handle/10986/35620.

（1）欧盟碳市场

欧盟碳市场（EU ETS）作为全球启动最早的碳市场，同时也是欧盟实现其2030年减排55%、2050年达成气候中和目标的主要政策工具，一直受到全球高度关注。

欧盟碳市场的稳定结构框架以及欧盟内部长期政策的合理性在2020年的运行中得到较好体现。2020年是欧盟碳市场第三阶段运行的最后一年，也是第四交易阶段的密集准备阶段，虽然受新冠肺炎疫情的影响，碳价格在3月、4月有短期大幅下降，从年初最高29.68美元降至4月最低18.04美元，但5月后价格又逐渐回升，并在7月达到33.89美元，此后一直在30美元左右徘徊，最后在同年12月达到42.16美元，为历史最高水平。未来，欧盟《绿色新政》一揽子复苏计划以及《欧盟气候法》中包含的2030年的新目标将催生更大的气候雄心，而碳市场的优化改革将有助于实现这些气候目标。

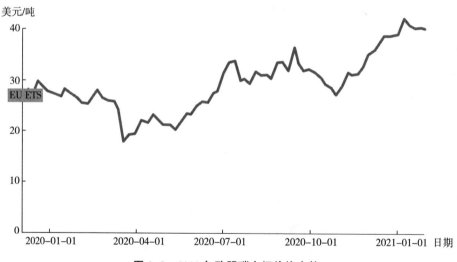

图1-9　2020年欧盟碳市场价格走势

（数据来源：国际碳行动伙伴组织（International Carbon Action Partnership，ICAP）.

https://icapcarbonaction.com/en/ets-prices）

（2）韩国碳市场

近两年在韩国碳市场（K-ETS）中，碳价持续处于波动状态。2020年是韩国碳市场运行第二阶段的最后一年，受疫情影响，2020年的价格波动更加剧烈。碳价格在2020年4月初达到顶峰（35.92美元），然后从5月开始大幅下降至 16.95 美元，8 月开始反弹，至 12 月初达到 25.84 美元，12 月末又有所回落（19.49 美元）。2020 年 9 月，韩国总统文在寅宣布将在 2050 年之前实现净零排放的长期目标，预计将在未来几年更新气候政策框架，促进对低碳技术的投资。

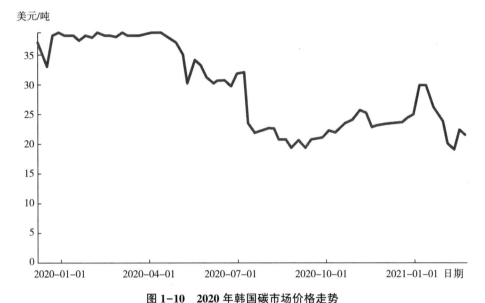

美元/吨

图 1-10　2020 年韩国碳市场价格走势

（数据来源：国际碳行动伙伴组织（International Carbon Action Partnership, ICAP）.

https://icapcarbonaction.com/en/ets-prices）

在未来的韩国碳市场第三阶段，更多行业将为实现韩国减排目标付出努力。在第三阶段，主要有以下几个方面的变化。第一，韩国碳市场将允许证券公司和个人等其他参与者进入二级市场。第二，将引入衍生品来提升市场功能。参与者和产品的增加将给未来第三阶段的交易条件带来更大的稳定性和灵活性。第三，配额分配方式由免费分配+3%拍卖变更为免费分配+10%拍卖，同时减少了允许的碳排放抵消额度。第四，行业范围将扩大到建筑业和大型交通运输业。①

---

① 碳排放交易网．韩国碳排放权交易体系——"一颗冉冉升起的新星"［EB/OL］.

［2021-05-12］．http：//www.tanpaifang.com/tanguwen/2021/0512/77832.html.

（3）新西兰碳市场

2020 年，新西兰完成了全面的立法改革，为其 2021—2025 年气候政策（包括碳市场）的出台奠定了法制基础，这也契合新西兰新制定的 2050 年前实现净零排放的目标。立法改革的内容包括对新西兰碳市场的结构性改革，旨在通过对碳市场设定排放上限、引入碳配额（NZU）拍卖和开发新的碳配额价格控制机制来支持国内减排目标。改革后的计划已于 2021 年 1 月 1 日正式生效，并于 2021 年 3 月对碳配额进行了首次拍卖。其他碳市场改革措施还包括：逐步减少对排放密集且易受贸易冲击的行业的免费分配、林业部门排放核算规则改革、将农业部门纳入碳定价机制等。这些碳市场的改革措施的制定与生效，体现出新西兰在降低温室气体排放方面的坚定决心。

碳价格方面，新冠肺炎疫情期间，受制于经济缓滞，新西兰碳配额价格从 2020 年 1 月的 18.83 美元降至 3 月的 14.35 美元，后续逐步回升至年底的 26.78 美元。表明市场投资者意识到随着碳排放上限的设定、固定价格期权的取消，碳市场需求将会进一步提升。

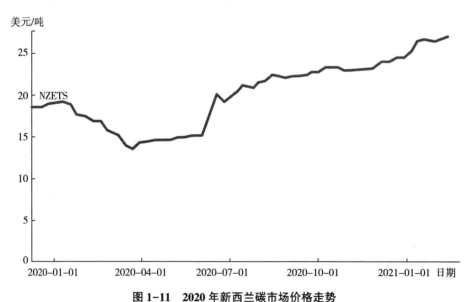

图 1-11　2020 年新西兰碳市场价格走势

（数据来源：国际碳行动伙伴组织（International Carbon Action Partnership, ICAP）.

https：//icapcarbonaction. com/en/ets-prices）

（4）区域温室气体倡议

区域温室气体倡议（RGGI）是美国第一个基于市场化机制减少电力部门温室气体排放的强制性计划，于2009年启动，目前共涉及美国12个成员州。随着区域温室气体倡议中各个成员州通过关于2020年后碳市场运行的相关法规，从2021年起，12个成员州均将实行更加严格的年度总量减量因子和排放控制措施。另外，弗吉尼亚州于2021年1月加入了RGGI，而宾夕法尼亚州预计将于2022年加入RGGI，目前还在进行碳市场相关法规草案推进工作。

碳价方面，同大多数碳市场一样，RGGI的碳价也出现了一些波动。2020年3月初，美国为防控新冠肺炎疫情进行封锁，导致碳期货价格从5.77美元下跌至4.69美元，随后在4月初迅速恢复。到2020年6月，期货市场恢复稳定，价格也回到了疫情前的水平，即6美元左右。

（5）英国碳市场

2020年是欧盟碳市场覆盖英国的最后一年。随着英国正式脱欧，英国碳市场由英国政府与苏格兰政府、威尔士政府和北爱尔兰行政部门共同设计，新的碳排放交易计划于2021年1月1日生效，其机制安排与欧盟碳市场第四阶段的设计基本一致。碳排放总量在最初设定为比英国在欧盟碳市场中的总量份额低5%，并将逐年下调，与英国"净零"目标保持一致。

2020年11月，英国首相公布了英国绿色工业革命的十点计划。该计划指出，如果各部门要在2050年达到"净零"所需的脱碳水平，整个经济需要积极参与行动。在过去的30年里，英国的GDP增长了75%，同时减排了43%。在新的碳市场下，英国将在整个经济中扩大碳定价范围，并鼓励新兴脱碳技术的创新发展。英国碳市场将作为一个贸易系统促进具有成本效益的脱碳化，鼓励企业最小化碳排放成本。2020年12月，英国与欧盟达成自由贸易协定，英国表示将继续致力于把碳定价作为实现气候变化目标的有效工具，同意在碳定价方面与欧盟进行合作，考虑连接各自的碳定价体系，早日实现碳中和目标。

二、中国气候融资进展

中国是易受气候变化影响的国家，也是在全球气候转型进程中起到举足轻重作用的国家，在对气候友好型发展有切实需求的同时，也面临着广大机遇。气候投融资是推动气候转型的重要抓手，在引导社会资本投入减缓与适应气候变化方面不可或缺。2020 年，中国气候投融资发展持续推进。在减缓方面，绿色金融工具不断创新，对减少温室气体排放贡献显著；PPP 模式在绿色低碳领域不断扩大应用规模，加快减排项目落地；全国碳市场等碳金融工具在 "3060 目标" 提出后加速建设，迎来第一个履约周期。在适应方面，《国家适应气候变化战略2035》正在制定中，将与科学发展、消除贫困等工作与基础设施规划共同构建适应气候变化新模式。

（一）气候投融资的顶层设计文件发布

2020 年，在减缓与适应气候变化两个领域的制度建设工作均全面推进，为未来相应标准、政策出台与方案落实奠定良好基础。2020 年 10 月 26 日，生态环境部、国家发展改革委、人民银行、银保监会、证监会五部门联合发布了首份气候投融资顶层设计《关于促进应对气候变化投融资的指导意见》，首次从国家政策层面将气候投融资提上议程，对气候变化领域的建设投资、资金筹措和风险管控进行了全面部署，提出将通过政策标准体系构建、气候投融资试点建设和鼓励金融机构参与等方式全方位推进气候投融资工作，并特别明确了碳金融在气候投融资中的重要地位，提出要扩大碳市场交易主体覆盖范围，适时纳入投资机构和个人，同时首次提出可以在严格控制风险的前提下探索碳期货等金融衍生品。

在适应气候方面，2020 年 10 月 28 日，生态环境部在新闻发布会上表明中国是易受气候变化影响的国家，要通过自身努力避免气候变化带来的损害，将出台《国家适应气候变化战略2035》明确目标任务，并与科学发展、基础设施建设、消除贫困等工作有机融合，构建适应气候变化新模式①。

（二）全国碳市场将启动履约周期，地方碳试点寻求创新变革

1. 全国碳市场基础设施建设进一步推进

《碳排放权交易管理办法（试行）》明确了全国碳市场的两大支撑系统为全国碳排放权注册登记系统和全国碳排放权交易系统，根据此前的安排，两个系统分别由湖北和上海试点负责建设②。湖北生态环境厅于 2020 年 4 月宣布，正在加快建设全国碳排放权注册登记系统软件和"中碳登"数据中心；2020 年 8 月，湖北首次开展了全国碳排放权注册登记系统的生产环境测试；2020 年 12 月 29 日，湖北就注册登记系统与报送系统对接以及碳编码开发、调整配额发放履约流程及新功能开发项目开始招标，预计于 2021 年上半年完成建设。上海环境能源交易所则宣布全国碳排放权交易系统建设已基本完成，后续将根据国家要求完成启动上线相关准备工作③。由于全国碳市场已经正式开启第一个履约周期，接下来需加快系统建设与数据连接工作，确保交易活动尽快顺利开展。

2020 年，生态环境部主导开展了一系列能力建设活动，如旨在确保为发电行业做好准备工作的"全国碳市场（发电行业）运行操作培训系统工作推进会"，促进运行操作培训系统有效为全国碳市场主管部门提供技术支撑，也为重点排放单位提供工作指南④。同时，生态环境部与欧盟在应对气候变化领域的合作项目"中欧碳市场对话与合作项目"继续开展，一年里举办超过 20 期，帮助全国各地省级、市级与区级生态环境主管部门和纳入全国碳市场发电企业管理和技术人员系统学习碳市场相关的知识、政策，包括配额分配和监管要求等。

---

① 国务院新闻办公室. 生态环境部举行 2020 年 10 月例行新闻发布会 [EB/OL]. [2020-10-28]. http：//www.scio.gov.cn/xwfbh/gbwxwfbh/xwfbh/hjhbb/Document/1690906/1690906.htm.

② 中能网. "碳中和"中国努力更上层楼：从区域碳市场到全国碳市场 [EB/OL]. [2020-12-17]. https：//m.sohu.com/a/438880298_357198/.

③ 中国能源报. "十四五"碳市场将进入平稳运行期 [EB/OL]. [2020-11-09]. http：//paper.people.com.cn/zgnyb/html/2020-11/09/content_2017821.htm.

④ 电力行业节能环保平台. 全国碳市场（发电行业）运行测试实施工作推进会在京召开 [EB/OL]. [2020-10-21]. https：//www.sohu.com/a/426271778_289755.

2. 全国碳市场第一个履约周期开启

生态环境部分别于 2020 年 11 月和 12 月发布了《全国碳排放权登记交易结算管理办法（试行）》（征求意见稿）和《企业温室气体核查指南（试行）》（征求意见稿），前者提出了全国碳市场配额登记、交易、结算的负责机构、管理细则和监管框架等制度设计方案，为未来出台正式文件并成为全国碳市场的重要技术支撑奠定基础；后者主要明确了由省级生态环境部门组织实施核查的工作程序和核查要点，用于规范企业温室气体排放的核查工作，旨在提高碳市场信息获取流程的完备性和数据的准确性。两份文件在后续正式定稿出台后，将为全国碳市场提供更为完善的制度保障。

2020 年 12 月 30 日，生态环境部发布了《2019—2020 年全国碳排放权交易配额总量设定与分配实施方案（发电行业）》，成为一系列征求意见稿发布后正式印发的第一个核心制度文件；同时，在省级生态环境主管部门提交有关材料的基础上汇总形成了《纳入 2019—2020 年全国碳排放权交易配额管理的重点排放单位名单》，共包括 2225 家发电行业重点排放单位，覆盖中国碳排放总量的三分之一，有效保障了全国碳市场的覆盖率与流动性。方案确定了各类机组的分类方案和配额分配方案，明确对 2019—2020 年实行完全免费分配，采用基准法核算重点排放单位的配额量，并对"预分配+最终核定"的配额发放方式做了具体规定，对最高配额清缴义务进行了详细说明，其中重点排放单位最多只需缴纳已获得的免费配额量加 20% 经核查排放量，燃气机组最多只需要缴纳已获得的免费配额量[①]。

在这些制度建设的基础上，全国碳市场的第一个履约周期从 2021 年 1 月 1 日开始，且生态环境部于 2021 年 1 月 5 日发布了《碳排放权交易管理办法（试行）》，对交易活动、监管及违约惩罚等方面做了全面规定，为全国碳市场正式进行交易奠定基础。

3. 试点碳市场总成交量下降，总成交额略有增长

2020 年试点碳市场受疫情等因素影响，成交量相比 2019 年有所降低，但平均成交价格提升，达到 27.42 元/吨，相比 2019 年的 22.24 元/吨上

---

① 生态环境部.《2019—2020 年全国碳排放权交易配额总量设定与分配实施方案（发电行业）》 [EB/OL]. [2020-12-30]. http://www.mee.gov.cn/xxgk2018/xxgk/xxgk03/202012/t20201230_815546.html.

涨 23%。八省市全年的总成交量、总成交额与成交均价如表 2-1 所示，2020
年累计成交量约 5883.40 万吨二氧化碳当量，同比减少 17.02%，但由于碳价
提高，累计成交额达 16.13 亿元人民币，同比增加 2.29%。

表 2-1　2020 年各试点地区碳配额成交情况

试点碳市场	总成交量（万吨）	总成交额（万元）	成交均价（元/吨）
深圳	123.92	2463.87	19.88
上海	184.04	7354.20	39.96
北京	103.55	9506.58	91.81
广东	3211.24	81961.22	25.52
天津	717.46	18412.07	25.66
湖北	1427.81	39556.63	27.70
重庆	16.24	348.41	21.46
福建	99.14	1719.14	17.34
总计	5883.40	161322.12	27.42

数据来源：Wind 数据库，中央财经大学绿色金融国际研究院整理。

在 8 个试点碳市场中，仅天津、湖北、重庆 3 个碳市场实现了成交量增
长，剩余 5 个均出现不同程度的下降。增长绝对值最大的是湖北碳市场，全
年成交量超过 1400 万吨，成为继广东之后第二个交易量破千万吨的碳市场。
增长相对值最大的是天津碳市场，成交量相比 2019 年增长超过 5 倍，且由于
成交均价提高，成交额增长约 10 倍，达 1.84 亿元。重庆碳市场的成交量、
成交额与成交均价都出现了数倍增长，均价突破 20 元/吨，但规模仍远小于
其余试点。虽然广东碳市场成交量出现较大幅度下降，但仍是最大的试点碳
市场，2020 全年成交约 3211.24 万吨碳配额，相比 2019 年减少超过 1000 万
吨，成交额约为 8 亿元，相比 2019 年小幅下降约 4%。北京、上海、深圳、
福建碳市场的成交量与成交额均出现较大幅度下降，且规模较小。

各试点碳市场之间成交量和成交额差距进一步拉大，规模排名发生重大
变化。广东、天津、湖北三个市场的成交量之和超过试点碳市场整体规模的
90%，成交额之和也超过整体的 85%，遥遥领先于其他 5 个试点地区，其中
广东碳市场成交量与成交额均超过整体规模的一半；湖北市场约占四分之
一，成为第二大试点碳市场；天津碳市场成交量与成交额占全国之比从小于

1%跃升至12%左右，规模达到全国第三。其余5个试点碳市场中仅上海碳市场的成交量超过全国的3%，仅北京碳市场的成交额超过全国的5%，北京碳市场从2019年的成交额规模第二大碳市场降至2020年的第四大碳市场，上海、深圳、福建碳市场的排名均下降一名。

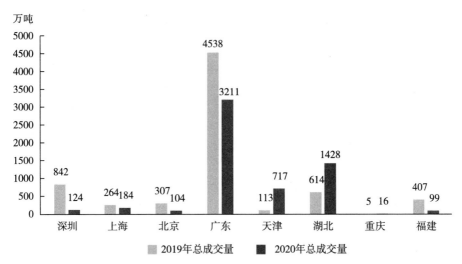

图 2-1　试点碳市场 2019—2020 年度总成交量

（数据来源：Wind 数据库，中央财经大学绿色金融国际研究院整理）

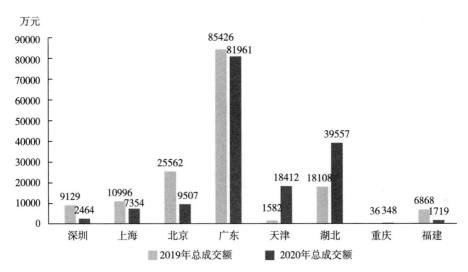

图 2-2　试点碳市场 2019—2020 年度总成交额

（数据来源：Wind 数据库，中央财经大学绿色金融国际研究院整理）

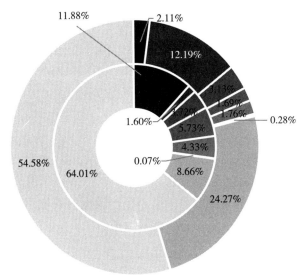

图 2-3 试点碳市场 2019—2020 年度成交量占比变化

（数据来源：Wind 数据库，中央财经大学绿色金融国际研究院整理）

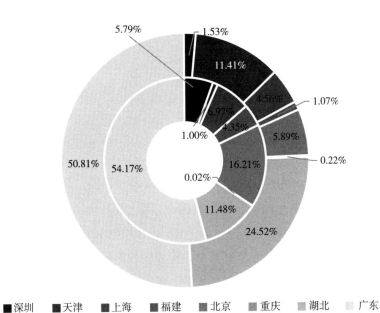

图 2-4 试点碳市场 2019—2020 年度成交额占比变化

（数据来源：Wind 数据库，中央财经大学绿色金融国际研究院整理）

从成交均价来看，除了上海和湖北碳市场的碳价小幅下跌约5%以及福建碳市场小幅上涨约3%，其余5个试点的碳价增长幅度均较大，其中重庆增长超过2倍，深圳、天津增长约80%，广东增长约三分之一，北京在延续2019年最高且遥遥领先的碳价的基础上实现了约10%的增长，突破90元/吨。北京和广东试点引入了更严格的配额总量设定与分配制度，如北京碳市场将核定配额的历史基准年调整为2016—2018年，并引入不断下降的控排系数；广东碳市场将有偿分配的配额数量从200万吨提高到500万吨，均有助于形成更合理的碳价①。尽管如此，各试点碳市场的碳价仍然相对较低，远低于欧盟、韩国等发展程度较高的碳市场。较低的碳价不足以对高排放行业与企业产生足够的约束，也不足以对减排活动产生足够的激励。

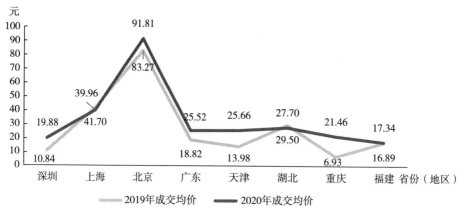

图2-5 试点碳市场2019—2020年度成交均价

（数据来源：Wind数据库，中央财经大学绿色金融国际研究院整理）

总体而言，2020年各试点市场的碳价波动较为平稳。北京的日均成交价最高点突破100元/吨，最低点也高于60元/吨，而其余碳市场的碳价未突破50元/吨，仅上海于2020年3月出现了49.93元/吨的较高碳价。除北京外的其余碳市场碳价相比于2019年更集中，且波动相对更小，碳价全年保持相对平稳，仅深圳碳市场的碳价在2020年下半年出现较大且较频繁的波动，最高超过40元/吨，最低小于5元/吨，出现了36.77元/吨的最大单日升幅和

---

① 张丽. 2019年度碳排放权交易试点配额分配和履约政策浅析 [EB/OL].
[2020-06-20]. http://www.tanjiaoyi.com/article-31453-1.html.

33.10 元/吨的最大单日降幅。

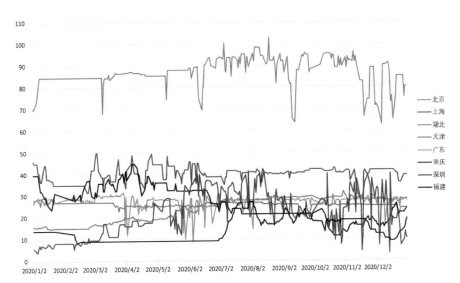

图 2-6 试点碳市场交易价格

（数据来源：Wind 数据库，中央财经大学绿色金融国际研究院整理）

4. 试点碳市场探索创新业务与差异化发展道路

由于全国碳市场的建设发展，各试点碳市场已着手拓展创新业务以应对"在全国碳市场履约的企业不再参与试点碳市场交易"的情况，已有部分试点碳市场开始行动，探索差异化的发展路径①。

北京环境交易所已改造提升为北京绿色交易所，建设面向全球的碳市场，未来将对标国际领先的碳市场标准，积极发展自愿减排交易，探索绿色资产跨境转让，同时借鉴国际碳市场中碳期货、碳期权的成功经验，积极开展新型碳金融工具②。目前北京绿色交易所已经着力搭建绿色大数据服务平台，引领推进绿色发展，通过开展试点示范共同推动我国节能减排以及绿色金融事业创新③。

———————

① 北极星环保网. 我国碳市场建设现状如何？[EB/OL]. [2020-12-28]. https://baijiahao. baidu.com/s? id=1687298804704266758&wfr=spider&for=pc.

② 澎湃新闻. 北京市副市长：北京将积极申请和创建绿色金融改革创新试验区 [EB/OL]. [2020-11-25]. https://view.inews.qq.com/a/20201125A05HRH00.

③ 朗坤. 朗坤联合北京绿色交易所共建绿色大数据服务平台 [EB/OL]. [2020-09-25]. ht-tp://www.luculent.net/index.php/news/newsdetail/1282.

深圳碳排放权交易所正探索转型发展绿色金融。深圳碳排放权交易所于2019年11月承接了"海洋碳汇核算指南及2018年度大鹏新区海洋碳汇清单编制"项目工作，现已完成全国首个《海洋碳汇核算指南》的编制，正与深圳市标准技术研究院协同推动《海洋碳汇核算指南》成为深圳市地方标准，力图将深圳市海域内的海洋碳汇纳入核算，为深圳地区开展各项海洋工作的企业、机构和政府提供量化工具，以逐步实现未来将海洋碳汇项目纳入深圳排放权交易体系，促进海洋经济增长①。

广州碳排放权交易所致力于推动碳金融产品的创新，开展以碳普惠、碳排放权抵消为特色的市场化生态补偿机制，不断推动广东省省级碳普惠制核证减排量（PHCER）项目相关业务发展②，同时与相关企业合作探索环境资产管理、绿色电力等创新业务，协助企业做好环境资产的规划、开发、交易等工作，使国家碳达峰及碳中和目标融入企业经营战略③。

（三）绿色金融工具不断创新，持续助力气候投融资

近年来，在政策的支持下，绿色金融体系持续发展，绿色金融工具撬动气候资金的能力不断显现。相比较绿色金融，气候金融工具仍处于起步阶段。

1. 绿色信贷起步早，信贷余额居世界第一

绿色信贷作为中国绿色金融体系中起步最早的领域，是目前中国绿色投融资渠道中最重要的一环。近年来，我国绿色信贷规模呈现逐步上升的趋势，截至2020年底，我国21家主要金融机构本外币绿色贷款余额达到11.95万亿元，同比增长16.93%，占各项贷款余额的6.88%。其中，单位绿色贷款余额11.91万亿元，占同期企事业单位贷款的10.8%。目前，我国绿色信贷余额已居世界第一④。

---

① 深圳排放权交易所. 排交所完成全国首个《海洋碳汇核算指南》编制 探索推动海洋碳汇体系化核算及交易 [EB/OL]. [2020-08-27]. http://www.cerx.cn/lnews/13364.htm.

② 广州碳排放权交易所.2020年肇庆市广宁县4个省定贫困村林业碳普惠项目（PHCER）竞价情况 [EB/OL]. [2020-12-28]. http://www.cnemission.com/article/news/jysgg/202012/20201200002052.shtml.

③ 广州碳排放权交易所. 广碳所与华电广东和宝新能源开展环境资产管理业务交流 [EB/OL]. [2020-12-03]. http://www.cnemission.com/article/news/jysdt/202012/20201200002033.shtml.

④ 央视网.2020年我国金融体系运行平稳，绿色信贷余额居世界首位 [EB/OL]. [2021-01-15]. https://news.cctv.com/2021/01/15/ARTInjcUbl2DwxIo6svzprDW210115.shtml.

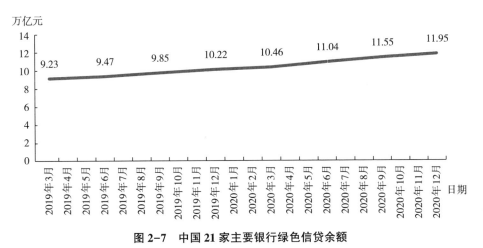

图 2-7　中国 21 家主要银行绿色信贷余额

（数据来源：Wind 数据库，中国人民银行）

2019 年，绿色信贷募投领域仍然延续过往模式，重点投向绿色交通运输和可再生能源两类产业，分别占比 43.7%和 24.4%。2020 年，绿色信贷投向绿色交通运输和可再生能源产业的数据不再统计。分用途看，2020 年，基础设施绿色升级产业贷款和清洁能源产业贷款余额分别为 5.76 万亿元和 3.2 万亿元，比年初分别增长 21.3%和 13.4%。分行业看，2020 年交通运输、仓储和邮政业绿色贷款余额 3.62 万亿元，比年初增长 13%；电力、热力、燃气及水生产和供应业绿色贷款余额 3.51 万亿元，比年初增长 13.6%。[①]

近年来，气候信贷占比呈现上升趋势。据兴业研究测算，2013 年 6 月至 2017 年 6 月，我国气候投融资信贷工具余额占绿色信贷余额的比例持续增加，从大约 66%增长至将近 70%[②]，占据了绿色信贷的主要组成部分。同时，绿色信贷统计制度等相关制度进一步规范有助于气候信贷的专项统计。在国内绿色信贷业务规模稳步增长的同时，包括绿色信贷在内的相关制度建设也在不断完善。2020 年 7 月，银保监会出台了银行业《绿色融资统计制度说明》，将气候融资的分类列示在附录中，明确了气候变化减缓以及气候变化适应融资的统计指标，为气候信贷的统计提供了原则。

①　中国人民银行．2020 年金融机构贷款投向统计报告［R/OL］．［2021-01-29］．http：//www.pbc.gov.cn/goutongjiaoliu/113456/113469/4180902/2021012916035124207.pdf.

②　鲁政委．绿色信贷助推我国"碳达峰"［J/OL］．［2021-12-30］．https：//mp.weixin.qq.com/s/wq-DiTqzOUUak-EamId5_w.

表2-2　银保监会《绿色融资统计制度说明》气候变化减缓融资统计口径

高效节能装备和绿色标识产品制造	绿色交通装备、设施、产品制造
节能改造及能效提升	新能源与清洁能源装备制造
太阳能利用设施建设和运营	能源系统高效运行
森林、碳汇林、碳汇渔业资源培育产业	建筑节能与绿色建筑
环境友好型铁路	绿色航运
城乡公共交通	绿色民航
交通运输节能项目	城镇能源基础设施
节能低碳服务	采购碳排放权贷款
高效节能装备和绿色标识产品贸易	绿色交通装备、设施、产品贸易
清洁能源设施建设和运营	新能源与清洁能源产品、装备贸易
购置节能建筑与绿色建筑、既有住房节能改造融资	购置新能源和清洁能源汽车

表2-3　银保监会《绿色融资统计制度说明》气候变化适应融资统计口径

生产过程节水和废水处理处置及资源化综合利用
环境友好型水力发电设施建设和运营
生态环境产业
绿色建筑
既有建筑节能及绿色改造
环境基础设施
海绵城市
园林绿化
智慧城市
节水服务
购置节能建筑与绿色建筑、既有住房节能改造融资

2. 绿色债券发行势头强劲，主体更加广泛，产品更为多样

绿色债券近年来保持着强劲增长势头。截至2020年末，中国境内外发行贴标绿色债券合计规模已突破人民币1.4万亿元，绿色债券的存量规模居世界第二位。2020年，境内外发行绿色债券规模达2786.62亿元；同期，非贴标绿色债券市场投向绿色产业规模达1.67万亿元，同比增长近三倍，债券市场对于绿色产业的整体支持仍保持高位。其中，境内市场全年发行普通贴标

绿色债券192只，发行规模1961.5亿元；发行绿色资产支持证券29只，规模329.17亿元；中资主体赴境外发行绿色债券18只，发行规模约合人民币495.95亿元。尽管受疫情影响，2020年中国境内外发行贴标绿色债券规模相比2019年的3656.14亿元有所下降，但发行数量同比增长，发行主体更为广泛，产品创新更为多样。

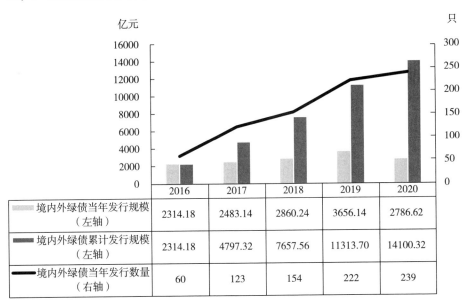

	2016	2017	2018	2019	2020
境内外绿债当年发行规模（左轴）	2314.18	2483.14	2860.24	3656.14	2786.62
境内外绿债累计发行规模（左轴）	2314.18	4797.32	7657.56	11313.70	14100.32
境内外绿债当年发行数量（右轴）	60	123	154	222	239

图 2-8　2016—2020 年中国境内外绿色债券发行数量及规模

（数据来源：中央财经大学绿色金融国际研究院）

2020年发行的192只、1961.5亿元的普通贴标绿债中，有1647.76亿元实际投向绿色产业，绿色投向占比达83.96%，如图2-9所示。

具体到《绿色债券支持项目目录（2015 年版）》中六大类一级分类，2020年发行绿色债券的募集资金投向如图2-10所示。除金融债外，城市轨道交通、城乡公共交通、新能源汽车等清洁交通是绿色债券募集资金投向最多的领域，共计628.757亿元。其次是风电、光电、水电等清洁能源领域，共计357.945亿元。

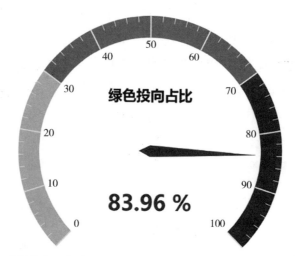

图2-9 2020年中国境内绿色债券募集资金投向绿色产业规模占比（不含资产支持证券）

节能	170.537 亿元
污染防治	192.305 亿元
资源节约与循环利用	111.303 亿元
清洁交通	628.757 亿元
清洁能源	357.945 亿元
生态保护和适应气候变化	249.55 亿元
多用途	251.103 亿元

图2-10 2020年中国境内绿色债券募集资金投向分布（不含资产支持证券）

（数据来源：中央财经大学绿色金融国际研究院，中国绿色债券市场2020年度分析简报［R］.2020）

从发行规模来看，2020年绿色公司债券发行规模最大，为732.1亿元，其次为绿色企业债及绿色债务融资工具，上述三类绿色债券发行规模与2019年基本持平，发行数量均有所增长，打破了一直以来绿色金融债券发行规模最大的局面，体现绿色债券服务实体经济能力的进一步提升。

2020年，尽管受到疫情的影响，绿色债券的发行规模有所回落，但在绿色债券的品种创新方面仍做了许多有益的尝试，探索发行了疫情防控绿色资产支持证券、绿色类REITs、绿色商业票据支持证券等创新产品，进一步提升绿色资产支持证券的创新能动性，丰富了多层次绿色金融产品市场。

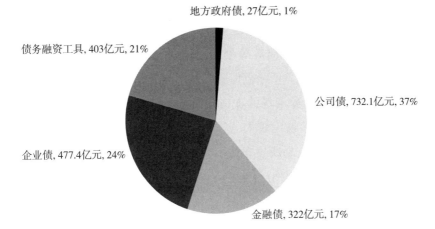

图 2-11　2020 年中国境内绿色债券发行规模券种分布（不含资产支持证券）

（数据来源：中央财经大学绿色金融国际研究院，中国绿色债券市场 2020 年度分析简报［R］. 2020）

图 2-12　2020 年中国境内绿色债券募集资金投向券种分布（不含资产支持证券）

（数据来源：中央财经大学绿色金融国际研究院，中国绿色债券市场 2020 年度分析简报［R］. 2020）

　　绿色债券的支持范围也得到进一步的拓展。中国银行定价发行双币种蓝色债券，成为中资及全球商业机构首只蓝色债券，募集资金用于支持海洋相关污水处理项目及海上风电项目等。兴业银行香港分行发行了中资股份制银行首单境外蓝色债券。

中国近年来正大力激励和引导绿色债券的发展。2020年，有关绿色债券的各项举措相继推出，1月，银保监会提出银行业金融机构要积极发展绿色债券，探索气候债券、蓝色债券等创新型绿色金融产品；7月，人民银行、国家发改委、证监会更新了《绿色债券支持项目目录（2020年版）》（征求意见稿），对国内绿色债券市场的支持项目和领域进行了统一，将煤炭清洁利用、火力发电等国际争议比较大的类别剔除，促进中西方绿色债券分类标准的协同；11月，沪深交易所发布指引，针对绿色公司债券等创新债券品种出台专门政策指引。政策的出台对整个绿色债券市场起到积极的正面促进作用。

3. 绿色基金发展下半年有所提速

受疫情影响，绿色基金在2020年初经历一段低迷时期，在中央到地方一系列政策支持下，2020年下半年有所提速。

中央层面发布《关于构建现代环境治理体系的指导意见》《关于统筹做好疫情防控和经济社会发展生态环保工作的指导意见》等文件，鼓励建立绿色基金，进一步促进绿色投融资，以满足绿色产业发展资金需求。

新增绿色基金数量自2017年连续3年下降后首次增长。2020年，全国设立并在中国证券投资基金业协会备案的绿色基金126只，其中私募绿色基金105只，公募绿色基金21只，同比上升64%；绿色基金增长率为16%，同比增加45%。

图2-13　2015—2020年中国新增绿色基金数量和增长率

（数据来源：中国证券投资基金业协会、Wind数据库）

新成立绿色基金仍然以股权投资为主。按投资类型划分，2020 年新成立备案的绿色基金中，股权投资基金 77 只，占比达到 61%；创业投资基金和证券投资基金数量分别为 17 只、32 只，分别占新成立绿色基金的 14%、25%。投资领域主要集中在低碳节能产业，按绿色基金投资领域划分，2020 年新成立备案的绿色基金投向生态环保领域数量为 38 只，占比为 30%；投向低碳节能领域 86 只，占比为 68%；投向循环经济领域 2 只，占比为 2%。与 2019 年相比，投向低碳节能领域的绿色基金比例进一步扩大，绿色基金对低碳节能领域的投资将有效促进我国低碳发展目标。①

国家绿色发展基金的成立，更是进一步刺激了资本对绿色投融资方面的热情。国家绿色发展基金作为我国生态环境保护领域第一个国家级政府投资基金，于 2020 年 7 月成立，首期规模 885 亿元，在首期存续期间将主要投向长江经济带沿线 11 个省市，探索可复制可推广的经验，将有效实现纾困环保行业融资难的困境，以市场化方式发挥财政资金带动作用，引导社会资本支持环境保护和污染防治、生态修复、能源资源节约利用、绿色交通和清洁能源等领域。

2020 年 7 月，财政部发布《中国清洁发展机制基金管理办法（修订草案征求意见稿）》向社会公开征求意见，主要就基金来源、基金运营收入和减排量收入等问题征求意见稿，以加强和规范政策基金资金的筹集、管理和使用。

4. 绿色保险持续创新，推出具有地方特色的创新产品

在我国绿色金融体系的逐步建设完善下，保险业的绿色保障能力日益凸显，有力地发挥了保险对于我国绿色发展的支持作用。据保险业协会统计，2018 年至 2020 年，保险业累计为全社会提供了 45.03 万亿元保额的绿色保险保障，共支付 533.77 亿元赔款。其中 2020 年绿色保险保额 18.33 万亿元，较 2018 年增加 6.30 万亿元，年均增长 23.43%；2020 年绿色保险赔付金额 213.57 亿元，较 2018 年增加 84.78 亿元，年均增长 28.77%。而在绿色投资方面，保险资金用于绿色投资的力度也在不断加大。2018 年至 2020

① 中央财经大学绿色金融国际研究院. 2020 年绿色基金市场进展及相关建议 [EB/OL]. [2021-05-24]. https://mp.weixin.qq.com/s/zqciA1jyL58Tcri2BnKYDA.

年，保险资金至绿色领域的余额从 3954 亿元增加至 5615 亿元，年均增长 19.17%，全面地支持了绿色低碳领域的发展①。2020 年 1 月，银保监会发布《关于推动银行业和保险业高质量发展的指导意见》，其中对于大力发展绿色金融，开展气候保险等创新绿色金融产品的工作做出了部署。我国绿色保险领域通过多年的发展，目前较为完善的保险险种包括企业的环境污染责任险，以及农业保险领域的养殖保险等。除此之外，近年来全国各地也针对地方特色持续推出绿色保险创新产品，对于应对气候变化工作也起到了重要的支持作用，例如气象指数保险、农业巨灾保险、森林保险、绿色建筑性能责任保险、光伏财产保险等②。其中，广州市花都区建设银行联合广州人保财险、广州碳排放交易所推出了国内首笔针对碳排放权抵押贷款的保证保险，通过引入保险公司的风险担保机制，帮助企业提高了碳排放权抵押贷款业务的信用水平，降低了业务审批的通过难度③，成为我国在碳保险上的重要探索。

在绿色保险产品不断创新发展的背景下，保险业也在积极发挥着保险资产的绿色投资功能，在保险资产的投资管理中进一步重视环境与气候风险因素。此外，新技术的运用在提高保险机构的服务水平、改善服务质量方面也有所体现，部分保险机构通过运用卫星遥感、气象监测等高新动态监测，设备动态监测天气以及气象变化，对于加强极端天气的风险管理提供了条件，也对提高城镇适应气候变化能力提供了有效的支持。

（四）PPP 模式在绿色低碳领域优化发展

按照财政部 PPP 中心月度报告中对污染防治与绿色低碳项目的定义，即在公共交通、供排水、生态建设和环境保护、水利建设、可再生能源、教育、科技、文化、养老、医疗卫生、林业、旅游等多个领域，具有支持污染防治和推动经济结构绿色低碳化的作用的项目，本报告按照这一定义界定绿色

---

① 中国保险业协会. 保险业聚焦碳达峰碳中和目标助推绿色发展蓝皮书 [R]. 2021.
② 中央财经大学绿色金融国际研究院. 绿色保险发展情况评价 [EB/OL]. [2020-08-03]. http://finance.sina.com.cn/esg/2020-08-03/doc-iivhuipn6556872.shtml.
③ 世经未来. 商业银行碳金融业务发展研究 [EB/OL]. [2020-05-13]. http://m.tanpaifang.com/article/70713.html.

PPP 项目。

2020 年，中央及各部委出台绿色 PPP 相关政策 20 余个，主要涉及加强绩效管理、支持民营企业、示范案例推广、细化相关规范、推动项目融资、重点领域推进 6 个方面，如图 2-14 所示[①]。

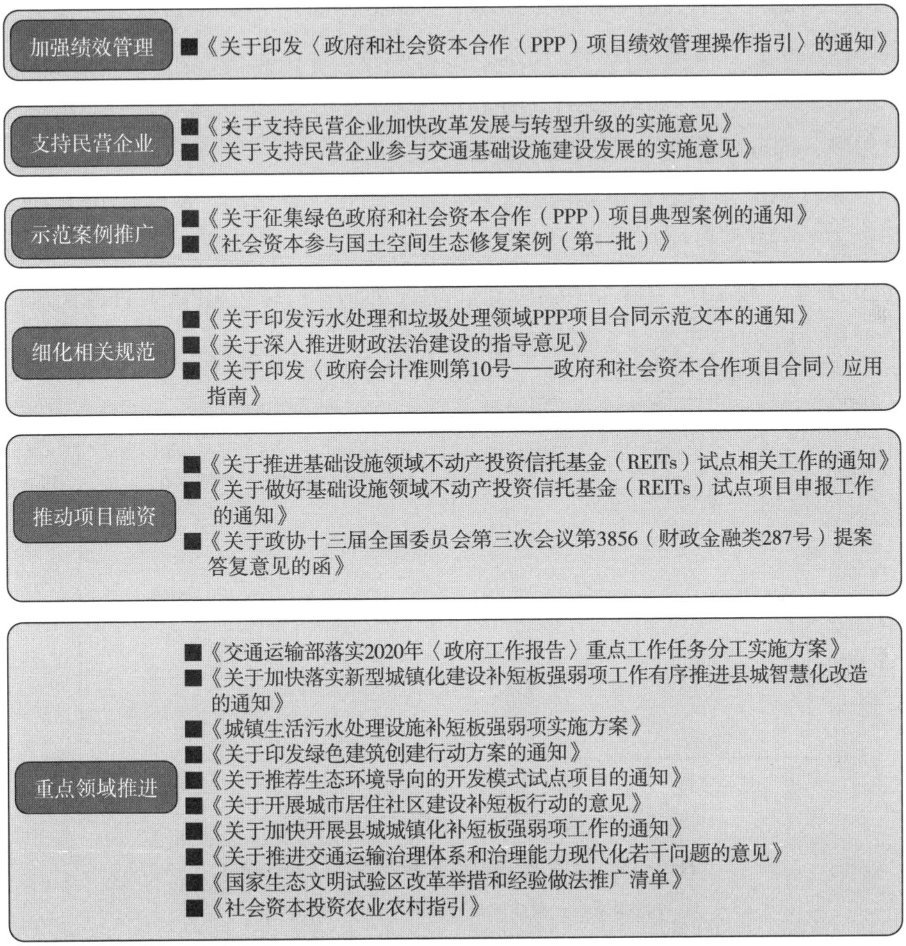

加强绩效管理	■《关于印发〈政府和社会资本合作（PPP）项目绩效管理操作指引〉的通知》
支持民营企业	■《关于支持民营企业加快改革发展与转型升级的实施意见》 ■《关于支持民营企业参与交通基础设施建设发展的实施意见》
示范案例推广	■《关于征集绿色政府和社会资本合作（PPP）项目典型案例的通知》 ■《社会资本参与国土空间生态修复案例（第一批）》
细化相关规范	■《关于印发污水处理和垃圾处理领域PPP项目合同示范文本的通知》 ■《关于深入推进财政法治建设的指导意见》 ■《关于印发〈政府会计准则第10号——政府和社会资本合作项目合同〉应用指南》
推动项目融资	■《关于推进基础设施领域不动产投资信托基金（REITs）试点相关工作的通知》 ■《关于做好基础设施领域不动产投资信托基金（REITs）试点项目申报工作的通知》 ■《关于政协十三届全国委员会第三次会议第3856（财政金融类287号）提案答复意见的函》
重点领域推进	■《交通运输部落实2020年〈政府工作报告〉重点工作任务分工实施方案》 ■《关于加快落实新型城镇化建设补短板强弱项工作有序推进县城智慧化改造的通知》 ■《城镇生活污水处理设施补短板强弱项实施方案》 ■《关于印发绿色建筑创建行动方案的通知》 ■《关于推荐生态环境导向的开发模式试点项目的通知》 ■《关于开展城市居住社区建设补短板行动的意见》 ■《关于加快开展县城城镇化补短板强弱项工作的通知》 ■《关于推进交通运输治理体系和治理能力现代化若干问题的意见》 ■《国家生态文明试验区改革举措和经验做法推广清单》 ■《社会资本投资农业农村指引》

图 2-14 中央及各部委出台的绿色 PPP 相关政策

（资料来源：根据公开资料整理）

2020 年，尽管由于疫情影响，第一季度新入库绿色 PPP 项目数量及投资

[①] 中央财经大学绿色金融国际研究院. 2020 年绿色 PPP 政策进展及相关建议 ［EB/OL］. ［2021-05-18］. https：//mp. weixin. qq. com/s/8oiFc0kC7UlK0k14psqNxg.

额相比 2019 年同期有所下降，但从第一季度末开始，随着企业陆续复产复工，具备逆周期调节、托底经济且挖掘经济增长新动能的补短板基础设施和新型基础设施加快推动，无论是补短板涉及的生态建设和环境保护项目，还是新型基础设施涉及的城际轨道交通、绿色数据中心，均属于绿色 PPP 项目范畴。因此，在中央引导和地方推动下，2020 年绿色 PPP 项目数量和投资规模不断增长，且落地项目持续增加，落地率与总体落地率差距不断缩小。财政部持续推进 PPP 项目库退库工作，推动绿色 PPP 高质量发展，但受资金问题影响，部分绿色 PPP 项目被迫终止。

　　绿色 PPP 项目数量继续保持平稳增长，占比小幅增加。从绿色 PPP 项目数量看，项目数量保持平稳增长，截至 2020 年末，累计绿色 PPP 项目数量达 5826 个，较 2019 年末新增 410 个，增长 7.57%；绿色 PPP 项目占比进一步上升，从 2019 年末的 57% 提升到 58.1%。

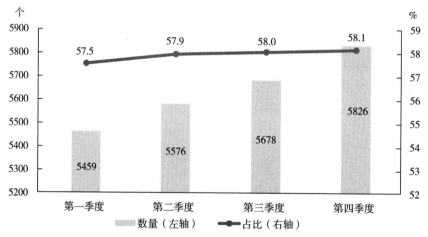

图 2-15　绿色 PPP 项目数量及占比（2020 年）

（数据来源：财政部政府和社会资本合作中心）

　　绿色 PPP 项目投资规模持续扩大，投资额占比保持稳定。从绿色 PPP 项目投资额变化看，截至 2020 年末，绿色 PPP 项目总投资额增至 56206 亿元，较 2019 年末新增 4532 亿元，增长 8.77%；投资额占比保持稳定，截至 2020 年末，绿色 PPP 投资额占比达 36.3%。

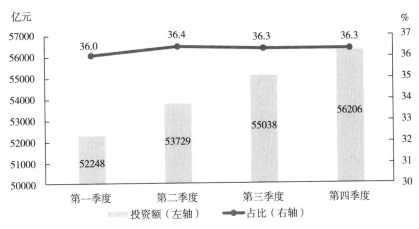

图 2-16 绿色 PPP 项目投资额及占比（2020 年）

（数据来源：财政部政府和社会资本合作中心）

绿色 PPP 落地项目持续增加，落地率与总体落地率差距不断缩小，直至持平。截至 2020 年末，绿色 PPP 落地项目累计达到 3993 个，较 2019 年末新增 546 个，增长 15.84%。在中央引导、地方推动下，随着 PPP 市场日益成熟、绿色项目质量不断提升，叠加流动性充裕、利率下行、货币适度宽松的信贷环境，2020 年绿色 PPP 项目落地率不断增加，与总体落地率差距不断缩小，到 2020 年末 PPP 项目落地率升至 68.5%，与项目库平均落地率持平。

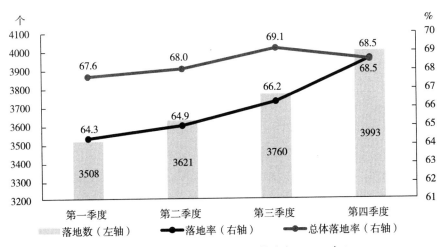

图 2-17 绿色 PPP 落地数量及落地率（2020 年）

（数据来源：财政部政府和社会资本合作中心）

继续开展退库工作，推动绿色 PPP 项目优化发展。2020 年财政部持续推进 PPP 项目库退库工作。据统计，2020 年 1—11 月各省级财政审核同意的地方主动退出管理库项目共 484 个，其中绿色 PPP 项目 142 个，占退库 PPP 项目的 29.34%。退库的绿色 PPP 项目存在准备工作不到位、未建立按效付费机制、方案设计不合理、重建设轻运营等问题。

部分绿色 PPP 项目受资金影响终止。2020 年，有多个地方的绿色 PPP 项目终止，终止项目所涉及的投建单位包括铁汉生态、启迪环境、国祯环保、天域生态等环保板块上市公司，以及中铁十六局、中铁二十一局等重点企业。这些项目终止原因不一，但主要问题是自 2018 年以来，部分上市民营企业负债率过高、偿债能力不足、现金流紧缺等，导致项目推进缓慢，最后被迫终止。此外，还包括运营能力薄弱、投标报价无法平抑运营成本、部分地方政府面临债务困难支付意愿或能力不足等原因①。

---

① 中央财经大学绿色金融国际研究院．2020 年绿色 PPP 市场进展及相关建议［EB/OL］.［2021-05-18］．https：//mp.weixin.qq.com/s/8oiFc0kC7UlK0k14psqNxg.

三、生物多样性投融资进展

生物多样性（Biodiversity）一词最初出现在 1968 年，是生物（Biology）和多样性（Diversity）的组合，即 Biological diversity 或 Biotic diversity。此后经科学和环境领域工作者的关注，"生物多样性"概念得到广泛传播和使用。生物多样性是生物及其与环境形成的生态复合体以及与此相关的各种生态过程的总和，由遗传（基因）多样性、物种多样性和生态系统多样性三个层次组成。遗传（基因）多样性是指生物体内决定性状的遗传因子及其组合的多样性。物种多样性是生物多样性在物种上的表现形式，也是生物多样性的关键，它既体现了生物之间及环境之间的复杂关系，又体现了生物资源的丰富性。生态系统多样性是指生物圈内生境、生物群落和生态过程的多样性。①

（一）生物多样性是人类社会赖以生存和发展的基础，且与气候变化相互作用

1. 生物多样性是地球生命的基础

过去的几年中，科学家通过基因分析推测现存地球生物的最后共同祖先（Last Universal Common Ancestor, LUCA）约出现在 40 亿年前，其新陈代谢可能以氢气、二氧化碳和氮气为基础，与人类等目前常见的生物大相径庭。经过 40 亿年的发展，科学家估算当前地球约有 870 万种生物，其中仅 120 万种生物已被发现并识别，还有 86% 的陆地生物和 91% 的海洋生物有待探索②。

生物多样性是地球生命存续的基础，在维持气候、保护水源、土壤和维护正常的生态学过程等方面有重要意义。对于人类来说，生物多样性的价值

---

① 生态环境部. 生物多样性概念和意义 [EB/OL].　[2010 - 01 - 14]. https：//www. mee. gov. cn/home/ztbd/swdyx/2010sdn/sdzhsh/201001/t20100114_184321. shtml.

② Sweetlove, Number of species on Earth tagged at 8. 7 million [J]. Nature, 2021.

体现在直接使用价值、间接使用价值和潜在使用价值三个方面①：

（1）直接使用价值：人类社会运行所依赖的食物、纤维、药物、建筑与家具材料及大量其他生活与生产原料均来自不同种类的生物。

（2）间接使用价值：在生态系统中，野生生物之间具有相互依存和相互制约的关系，它们共同维系着生态系统的结构和功能。提供了人类生存的基本条件（如食物、水和呼吸的空气），保护人类免受自然灾害和疾病之苦（如调节气候、洪水和病虫害）。生物多样性的减少标志着生态系统的稳定性遭到破坏，人类的生存环境也就要受到影响。

（3）潜在使用价值：人类对生物的直接与间接功能的研究仍在起步阶段，存在大量未知的潜在使用价值。然而，一种生物一旦从地球上消失就无法再生，它的各种潜在使用价值也就不复存在了。保护生物多样性也具有额外的潜在价值②。

2. 处于"人类世"，人类对生物多样性的影响日益加重

人类活动对包括生物多样性在内的各类地球地表活动施加了广泛而深远的影响。科学家们普遍认为，我们正在走出孕育人类文明的跨越约 1.2 万年的"全新世"，并进入一个新的地质时代——"人类世"。该词最早由美国生物学家尤金·施特默（Eugene Stoermer）于 20 世纪 80 年代创造，并由大气学家 Paul Crutzen 和 Eugene Stoermer 于 2000 年在期刊《全球气候变化通讯》（*Global Change Newsletter*）中以《人类世》（*Anthropocene*）为题首次正式使用，用以表示一个人类作为塑造地球未来的主导力量的时代。国际地层委员会（ICS）尚未批准这个新术语，AWG 将在 2021 年之前向 ICS 提交一份正式提案，以正式定义当前的时代。③

地球系统全新世开始以来一直保持相对平衡，而现在人类已成为塑造地表面貌的主导力量。2020 年是一个重要的转折点，标志着人造物体质量（人为质量）超过活生物量。自农业革命以来，人类通过农业和采伐等土地利用

---

① 生态环境部 . 生物多样性概念和意义［EB/OL］. ［2010 - 01 - 14］. https：//www. mee. gov. cn/home/ztbd/swdyx/2010sdn/sdzhsh/201001/t20100114_184321. shtml.

② 同上 .

③ UNDP. Human Development Report 2020：The next frontier，Human development and the Anthropocene ［R/OL］. ［2020-12-15］. http：//hdr. undp. org/en/2020-report.

变化，让植物生物量从约 2 万亿吨减少到目前的约 1 万亿吨，而人为质量快速增加，如今正以每年超过 300 亿吨的速度不断产生，至今已达 1.1 万亿吨，超过了全球总生物量。按照当前的趋势，人造质量预计将在 2040 年超过 3 万亿吨，而在 20 世纪初，人造质量约为总生物量的 3%。

地球上的人为质量的大部分来自建筑与道路，其他还包括塑料和机器。它们的质量构成变化与特定的建设趋势有关，比如建筑材料在 20 世纪 50 年代中期从砖过渡到混凝土，以及 20 世纪 60 年代开始使用沥青铺路。另外，人造物体总质量的变化也与重大事件相关，比如"二战"后各种建设的持续增加。[①]

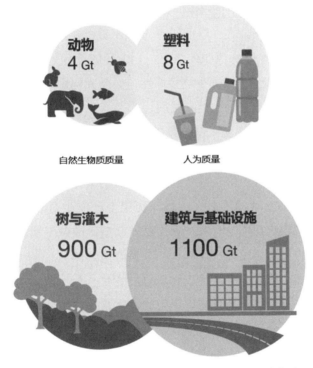

图 3-1　2020 年全球生物量和人为质量的关键组成部分

（数据来源：Elhacham，E. et al.（2020））

① Elhacham, E. , Ben-Uri, L. , Grozovski, J. et al. Global human-made mass exceeds all living biomass［J/OL］.［2020-12-09］. https：//doi. org/10. 1038/s41586-020-3010-5.

在人类世，人类面临三大核心挑战——减缓和适应气候变化、保护生物多样性以及确保所有人的福祉①。联合国《全球生物多样性展望》报告草案指出，2010—2020 年，全球试图落实爱知 2020 年生物多样性保护目标的努力或已全面失败。世界自然基金会（WWF）及全球 40 多个机构、127 位科学家联合完成的《地球生命力报告》指出，截至 2016 年，全球各地监测到的哺乳类、鸟类、两栖类、爬行类和鱼类的物种种群规模平均下降了 68%。生物多样性和生态系统服务政府间科学政策平台（IPBES）发布的《全球生物多样性和生态系统服务评估报告》指出，地球 70% 的土地系统、50% 的淡水和 40% 的海洋已发生显著变化。地球上约 800 万种动植物物种中，大约有 100 万种濒临灭绝，近 23% 的鸟类、25% 的植物、33% 的珊瑚礁、40% 的两栖动物、10% 的昆虫和三分之一以上的海洋哺乳动物受到威胁。得益于生物多样性，大自然每年提供价值 125 万亿~140 万亿美元的环境服务，是全球 GDP 规模的 1.5 倍以上，因而生物多样性损失会大幅削弱人类从自然获益的能力，严重威胁人类自身的生存与发展。

3. 生物多样性与气候变化相互作用

目前，全球人为碳排放不断增加，而受森林砍伐等多种因素影响，地球吸收碳的能力却在不断下降，导致越来越严重的碳循环失衡。碳循环失衡是威胁生物多样性的主要原因之一。地球历史上曾发生过多次生命大灭绝事件，多数与大规模火山喷发有关。火山喷发会造成埋藏于地下的甲烷和二氧化碳等温室气体在短时间内快速释放，大量温室气体与有害气体进入大气后引发碳循环失衡、气候变化与地表环境剧烈变化，从而造成生物大灭绝。同时，石炭纪的大灭绝事件来自植物产生的木质素无法被分解，植物吸收的碳无法重新进入碳循环，造成大气中碳浓度锐减，继而引发全球变冷、氮磷循环失衡与赤潮等现象，造成生物大规模死亡，可见碳循环保持平衡对维持生物多样性的重要性。

气候变化与生物多样性两者间存在相互作用，不应被孤立地来看待。气候的急剧变化对生物多样性存在显著负面影响，进而可能导致物种灭绝。

---

① UNDP. Human Development Report 2020：The next frontier, Human development and the Anthropocene［R/OL］.［2020-12-15］. http：//hdr. undp. org/en/2020-report.

2020 年 2 月，《美国国家科学院院刊》杂志上刊登了一篇研究文章，来自亚利桑那大学的研究人员综合了近期气候变化导致的物种灭绝、物种迁移以及对未来气候的不同预测等信息，得出结论：全球有三分之一的动植物到 2070 年可能濒临灭绝，而如果《巴黎协定》下 1.5℃ 的温控目标得以实现，则到 2070 年全球物种灭绝的比例可降低到 16% 甚至更低①。由此可见，物种灭绝的速度很大程度上取决于未来气候变化的程度。

同时，生物多样性也会影响全球气候变化。生物基因与物种多样性水平的改变会导致生态系统的结构、功能改变，及其与水、碳、氮等生物地球化学循环相互作用的改变，进而影响到地区与全球气候。完整的生态系统是促进减缓和适应气候变化的有利条件。值得注意的是，大自然对气候变化的抑制作用并非一成不变。利兹大学的相关研究表明，亚马孙雨林的碳汇从 20 世纪 90 年代中期开始减少，到了 2010 年后碳吸收能力已下降近三分之一，加之碳排放的增加与雨林面积的减少，热带雨林对人类产生的二氧化碳的吸收从 20 世纪 90 年代的 17% 大幅下降至目前的 6%。虽然更高的二氧化碳浓度会促进树木的生长，但高温和干旱将导致树木生长减缓甚至死亡。如果以目前的情况继续发展，至 2030 年亚马孙河流域将成为碳源而非碳汇，亚马孙雨林将在未来数十年内变为热带稀树草原，生物多样性降低的大自然将加速而非减缓气候变化②。而另一份研究则进一步显示，2010—2019 年，在人类活动与野火的影响下，巴西境内的亚马孙雨林排放了 166 亿吨二氧化碳，而吸收量仅为 139 亿吨，亚马孙雨林成为碳源的实际进程可能比此前研究所显示的更快。③

① Cristian Román-Palacios et al. Recent responses to climate change reveal the drivers of species extinction and survival [J], Proceedings of the National Academy of Sciences, 2020.

② Hubau, W. et al. Tropical forests' carbon sink "already rapidly weakening". University of Leeds [EB/OL]. [2020-03-04]. https://www.leeds.ac.uk/news/article/4555/tropical_forests_carbon_sink_already_rapidly_weakening.

③ Qin, Y., Xiao, X., Wigneron, JP. et al. Carbon loss from forest degradation exceeds that from deforestation in the Brazilian Amazon [EB/OL]. [2021-04-29]. https://doi.org/10.1038/s41558-021-01026-5.

4. 生物多样性公约缔约方大会推动全球生物多样性保护与可持续利用

对保护生物多样性的讨论与实践已在全球层面进行多年。1992 年 6 月 5 日，各国首脑参与的联合国环境与发展大会在巴西里约热内卢举行，会议包括中国在内的 153 个国家，共同签署了《生物多样性公约》（*Convention on biological diversity*，CBD）（以下简称《公约》），这是生物多样性保护和可持续利用的第一项全球协议，于 1993 年 12 月 29 日正式生效，以动植物及其生存环境保护为目标，促使各缔约国承担相应责任义务。公约确立了 3 个主要目标：保护生物多样性、生物多样性组成成分的可持续利用、以公平合理的方式共享遗传资源的商业利益和其他形式的利用，从而促进世界各国认识到必须以不导致生物多样性长期下降的方式取得发展。

目前，有 196 个国家及地区加入了《公约》，包括 195 个国家和以一个整体缔约的欧盟。值得注意的是，美国已签署但尚未批准该条约，且尚未宣布批准该条约的计划①。

缔约方大会（Conference of the Parties，COP）是公约的最高权力机构，是推动履约工作进程的正式决策实体，它由每个签约方的官方代表团组成，会议最初为每年召开一次，自 1996 年 COP3 会议后改为每两年召开一次。COP 会议至 2020 年已召开 16 届，包括 14 届常规会议和 2 届特别会议。其中，2010 年日本爱知县举办的 COP10 会议通过了 2011—2020 年《生物多样性战略计划》，战略中的五个战略目标及相关的 20 个纲要目标统称为"爱知生物多样性目标"（简称"爱知目标"），旨在促进生物多样性主流化并进一步推动实现 CBD 三大目标。

2016 年 3 月，国务院批准我国申办 COP15 大会，12 月，墨西哥坎昆生物多样性 COP13 大会批准了我国的申请。2019 年 2 月 13 日，中国生物多样性保护国家委员会会议确定 COP15 大会的举办地为云南省昆明市。受疫情影响，原定于 2020 年 10 月举办的 COP15 大会推迟至 2021 年 10 月。生物多样性 COP15 大会主题为"生态文明：共建地球生命共同体"，将继"爱知目标"后审议"2020 年后全球生物多样性框架"，确定 2030 年全球生物多样性保护目标，以及制定 2021—2030 年新的十年全球生物多样性保护战略。

---

① CBD Secretariat. List of Parties［EB/OL］. https：//www.cbd.int/information/parties.shtml.

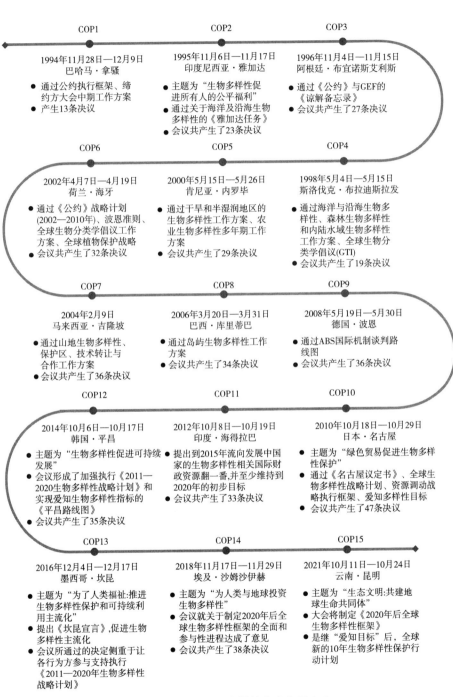

COP1
1994年11月28日—12月9日
巴哈马·拿骚
- 通过公约执行框架、缔约方大会中期工作方案
- 产生13条决议

COP2
1995年11月6日—11月17日
印度尼西亚·雅加达
- 主题为"生物多样性促进所有人的公平福利"
- 通过关于海洋及沿海生物多样性的《雅加达任务》
- 会议共产生了23条决议

COP3
1996年11月4日—11月15日
阿根廷·布宜诺斯艾利斯
- 通过《公约》与GEF的《谅解备忘录》
- 会议共产生了27条决议

COP6
2002年4月7日—4月19日
荷兰·海牙
- 通过《公约》战略计划(2002—2010年)、波恩准则、全球生物分类学倡议工作方案、全球植物保护战略
- 会议共产生了32条决议

COP5
2000年5月15日—5月26日
肯尼亚·内罗毕
- 通过干旱和半湿润地区的生物多样性工作方案、农业生物多样性多年期工作方案
- 会议共产生了29条决议

COP4
1998年5月4日—5月15日
斯洛伐克·布拉迪斯拉发
- 通过海洋与沿海生物多样性、森林生物多样性和内陆水域生物多样性工作方案、全球生物分类学倡议(GTI)
- 会议共产生了19条决议

COP7
2004年2月9日
马来西亚·吉隆坡
- 通过山地生物多样性、保护区、技术转让与合作工作方案
- 会议共产生了36条决议

COP8
2006年3月20日—3月31日
巴西·库里蒂巴
- 通过岛屿生物多样性工作方案
- 会议共产生了34条决议

COP9
2008年5月19日—5月30日
德国·波恩
- 通过ABS国际机制谈判路线图
- 会议共产生了36条决议

COP12
2014年10月6日—10月17日
韩国·平昌
- 主题为"生物多样性促进可持续发展"
- 会议形成了加强执行《2011—2020生物多样性战略计划》和实现爱知生物多样性指标的《平昌路线图》
- 会议共产生了35条决议

COP11
2012年10月8日—10月19日
印度·海得拉巴
- 提出到2015年向发展中国家的生物多样性相关国际财政资源翻一番,并至少维持到2020年的初步目标
- 会议共产生了33条决议

COP10
2010年10月18日—10月29日
日本·名古屋
- 主题为"绿色贸易促进生物多样性保护"
- 通过《名古屋议定书》、全球生物多样性战略计划、资源调动战略执行框架、爱知多样性目标
- 会议共产生了47条决议

COP13
2016年12月4日—12月17日
墨西哥·坎昆
- 主题为"为了人类福祉:推进生物多样性保护和可持续利用主流化"
- 提出《坎昆宣言》,促进生物多样性主流化
- 会议所通过的决定侧重于让各行为方参与支持执行《2011—2020年生物多样性战略计划》

COP14
2018年11月17日—11月29日
埃及·沙姆沙伊赫
- 主题为"为人类与地球投资生物多样性"
- 会议就关于制定2020年后全球生物多样性框架的全面和参与性进程达成了意见
- 会议共产生了38条决议

COP15
2021年10月11日—10月24日
云南·昆明
- 主题为"生态文明:共建地球生命共同体"
- 大会将制定《2020年后全球生物多样性框架》
- 是继"爱知目标"后,全球新的10年生物多样性保护行动计划

图3-2 历届生物多样性大会主要内容

5. 生物多样性融资旨在支持与维护生物多样性

生物多样性融资旨在支持和维护生物多样性，其资金可以来自政府财政拨款等公共资金，也可以来自金融机构等社会资本。与气候变化投融资类似，金融机构可通过配置其投资组合对生物多样性造成影响，生物多样性退化带来的物理层面及政策反馈层面的风险也会对社会和商业互动造成负面影响，进而传导为金融机构的损失。因此，金融机构应重新审视其投资组合在生物多样性层面的可持续性，通过调整与创新实现可持续资产配置，保障自身利益的同时维护自然与社会的长期发展。

按融资工具分类，生物多样性投融资总体上可以分为政府类与市场类，如表3-1所示[1]：

表 3-1　生物多样性投融资工具

种类	工具	描述
政府相关	税收、关税和收费	利用对资源的使用或管理收取的各种费用
	补贴和激励措施	鼓励企业通过直接或间接的公开转让来促进生态保护的成果
	政府担保	通过减轻和防护风险（尤其是商业违约或政府风险），调动和利用商业融资
市场相关	债务/权益工具	利用义务或负债进行付款或获得所有权
	众筹	分散的团体通过在线平台为某一项目或企业筹措资金，无须金融组织担任中介
	社会影响力投资	通过对公司、组织和基金的投资，在获得财务回报的同时，产生可衡量的社会和环境影响
	私人担保	动员和利用私企和非政府组织提供的商业融资，以减轻政治、监管和外汇风险
	赠款	提供私人捐款或发展援助，以产生社会和环境影响
	绿色银行	增加对资金不足的绿色公司和市场的投资。来自政府（资助方）的支持可保证绿色银行促进私人投资并引入新的金融产品
	生物多样性抵消额度	创建由生态价值定义的且与可验证的自然资源管理相关的交易单位，例如湿地银行

---

① 裴绍均. 借力金融保护生物多样性 [EB/OL]. [2021-05-18]. http://www.nrdc.cn/news/newsinfo? id=729&cook=2.

对于到 2030 年生物多样性投融资的投向领域与资金规模的预测如表 3-2 所示。

表 3-2　到 2030 年生物多样性投融资投向领域与资金规模

生物多样性投融资资金投向领域	投资金额	具体领域
对生物多样性保护需求的直接投资 （1760 亿~2300 亿美元）	1490 亿~1920 亿美元	保护区
	270 亿~370 亿美元	沿海的生态系统
在其他领域中纳入生物多样性保护 （5460 亿~7370 亿美元）	3150 亿~4200 亿美元	可持续耕地
	810 亿美元	可持续牧场
	730 亿美元	城市生物多样性
	350 亿~840 亿美元	入侵性物种管理
	230 亿~470 亿美元	可持续渔业
	190 亿~320 亿美元	可持续林业

数据来源：Tobin-de la Puente, J. and Mitchell, A. W.（eds.），2021. The Little Book of Investing in Nature, Global Canopy: Oxford.

（二）全球生物多样性投融资规模不足，有待提升

现阶段人类社会对生物多样性保护的关注程度远不及应对气候变化和环境问题。不管从媒体宣传，还是从实际资金支持角度，生物多样性保护都需要更多的支持。金融是支撑生物多样性保护事业的重要支柱之一，生物多样性投融资是促进全球生物多样性保护与发展的重要渠道，但当前正面临多方面挑战。虽然以全球环境基金为代表的国际开发性基金和开发性金融机构正在为生物多样性保护付出更多努力，但生物多样性保护支出不足、有害生物多样性的传统投融资模式尚未得到改变等问题依然严重。

1. 全球生物多样性投融资总额严重不足

当前，《公约》目标的实现进度显著落后于预期，"爱知目标" 20 个目标中只有第 11 个目标接近完成，即到 2020 年应保护至少 17% 的陆地和内陆水域以及 10% 的沿海和海洋区域，与生物多样性的破坏程度与保护工作的紧急程度相比严重不足。全球生物多样性投融资力度不足是重要原因之一。

截至 2019 年，每年用于生物多样性保护的支出在 1240 亿~1430 亿美元，而每年的生物多样性保护需求估计为 7220 亿~9670 亿美元，造成了每年

5980亿~8240亿美元的生物多样性投融资缺口，达年支出额的6倍左右，悬殊的资金投入比例说明生物多样性保护需要更多关注和支持①。当前，生物多样性保护领域约80%的资金来自公共部门，私营部门参与严重不足②。未来，私营部门更广泛的参与可能有助于将生物多样性融资缺口大幅降低至3270亿美元左右③。

国际组织和开发性金融机构积极进行了一些绿色金融支持生物多样性保护的探索与实践。一是通过专项基金的形式进行对生物多样性保护投资，资金主要来自国际开发性基金和开发性金融机构和商业机构，但除了联合国环境基金（GEF）等少数机构的支持外，该类别中来自商业银行的资金支持较少。二是通过环境与社会风险管理方式，间接实现对生物多样性的保护，即在提供融资的过程中，关注融资项目和项目业主的环境和社会风险管理中的生物多样性问题，国际机构更多采用这一方式。例如，汇丰银行于2004年推出林地和林产品部门风险管理政策；于2014年发布新的林业和农产品政策，要求获得独立的认证以证明业务的合法性与可持续性，并与林业认证机构"森林管理委员会"（FSC）和棕榈油认证机构"可持续棕榈油圆桌会议"（RSPO）保持合作伙伴关系；于2017年承诺不为不遵守"不毁林、无泥炭、不开采"（NDPE）政策的客户提供新的融资服务④。

2. 欧盟2030年生物多样性战略助力生态系统保护

欧盟2010年曾提出2011—2020年的十年生物多样性战略，有6个目标，包括保护生物栖息地与生态系统，使农业、林业及渔业更可持续，并着力解决物种入侵等问题⑤。当前，欧盟评估这一战略的同时，也公布了新的2021—2030年生物多样性战略，旨在使欧洲的生物多样性在2030年前走上

---

① Deutz, A. et al. Financing Nature: Closing the global biodiversity financing gap [R/OL]. [2020-09-17]. https://www.paulsoninstitute.org/wp-content/uploads/2020/10/FINANCING-NATURE_Full-Report_Final-with-endorsements_101420.pdf.

② Global Canopy. The Little Book of Investing in Nature [R/OL]. [2021-01-11]. https://global-canopy.org/wp-content/uploads/2021/07/LBIN_2020_RGB_ENG.pdf.

③ 同上.

④ HSBC. Forestry and agricultural commodities [EB/OL]. https://www.hsbc.com/who-we-are/our-climate-strategy/sustainability-risk/forestry-and-agricultural-commodities.

⑤ European Commission. EU Biodiversity Strategy to 2020 [EB/OL]. [2011-05-03]. https://ec.europa.eu/environment/nature/biodiversity/strategy_2020/index_en.htm.

恢复之路。

欧盟 2030 年生物多样性战略提出了两大主要目标。第一，至少 30% 的陆地和海洋受到保护；第二，恢复陆地与海洋已退化的生态系统，主要措施包括加快推广有机农业、恢复大量河道至自然流动状态、减少杀虫剂的使用、恢复传粉昆虫以及种植 30 亿棵树。此外，欧盟也希望通过生物多样性战略实现促进就业、推动应对气候变化协同治理以及增强其全球领导力等目标。

针对 2030 年生物多样性战略，欧盟也提出了相应的融资方案。与应对气候变化类似，欧盟同样将生物多样性在 2021—2027 年多年财政预算框架（2021—2027 Multiannual Financial Framework）与欧盟复苏基金（Next Generation EU）中主流化，使生物多样性保护成为欧盟预算的主要目标之一，要求所有预算整体上不对生物多样性产生负面影响。欧盟应对气候变化战略要求两项预算合计的 30% 将投向应对气候变化领域，而生物多样性战略则要求至 2024 年将七年财政预算的 7.5% 用于生物多样性目标，至 2026 年提高到 10% 的基础上将气候资金的很大一部分投资于生物多样性领域和基于自然的解决方案（nature-based solutions，NBS）。同时，欧盟希望在自然资本与循环经济倡议"投资欧盟"（Invest EU）内通过混合融资（blended finance）的方式至 2030 年动员超过 100 亿欧元的资金。总体上，欧盟要求每年至少投入 200 亿欧元的资金用于自然保护①。

3. 全球环境基金为全球生物多样性作出大量贡献，但巨大的需求与资金缺口相比仍然远远不足

全球环境基金（Global Environment Facility，GEF）是《公约》的主要资金机制，也是促进地球环境保护方面全球最大的计划资助者。GEF 于 1991 年成立，由 183 个成员国、18 个国际执行机构（包括世界银行、UNDP、UNEP 等）、社会团体及私营部门组成，旨在针对全球环境议题协助国家可持续发展项目。发展中国家及经济转型国家的生物多样性破坏、土地退化、环境污染与气候变化问题均是 GEF 支持的重点，国际层面的臭氧层保护、国际水域与海洋保护等也同样是 GEF 支持的范围。

---

① European Commission. Biodiversity Financing [EB/OL]. [2017-10-12]. https：//ec. europa. eu/environment/nature/biodiversity/financing_en. htm.

GEF 主要捐资方有 39 个国家，每四年一个增资期，在每个增资期末由各增资方谈判确定下一期的资金规模和战略规划。当前，GEF 正处在第七增资期（GEF-7）内，时间范围为 2018 年 7 月至 2022 年 6 月。截至 2018 年 6 月 GEF-6 结束，GEF 的最主要捐资国是美国（27.68 亿美元）、日本（27.40 亿美元）、德国（21.60 亿美元）、英国（14.57 亿美元）及法国（14.01 亿美元）。值得注意的是，美国虽然是最大捐资国，但同时也是历史欠款额度最高的国家，在 1.16 亿美元各国欠款总额中占比 95.7%，且在 GEF-7 谈判期间大幅削减认捐额度 50%，至 2.7 亿美元，直接造成全球环境基金历史上首次总捐资大幅减少的局面①。中国是 GEF 的创始成员国，也是最大受援国和最大发展中国家捐资国，在接受 GEF 赠款与项目建设的同时，也在历次增资期中不断提高捐资额，为 GEF 提供了数千万美元的资金。

GEF 不仅帮助项目建设，也为发展中国家及经济转型国家制定战略与规划，同时起到了显著的催化和杠杆效果，通过赠款撬动受援国的配套资金，目前配套资金与 GEF 赠款比例已达 7：1，截至 2018 年底已撬动 900 多亿美元配套资金，取得了显著的全球环境效益。

生物多样性保护是 GEF 的最主要目标之一。GEF-7 中生物多样性保护是占比最大的资金投向领域，超过 12 亿美元，占总计捐资规模 41 亿美元的 29.9%，并在过去的数个增资期中保持稳定，与 GEF-5 与 GEF-6 的总额与比例接近②。GEF-7 同时确定了生物多样性新的战略，承诺与《公约》结成联盟，共同推进"2020 年后全球生物多样性框架"制定及实施，并重点实现三个目标：一是促进生物多样性保护主流化，包括完善政策、提高决策水平、管理陆地和海洋景观中生物多样性；二是保护栖息地和物种时要关注主要驱动力，如保护和控制外来入侵物种，提高保护区域系统的效率，优先保护濒危物种，禁止非法和不可持续利用物种等；三是进一步制定生物多样性政策和机制框架，如完善生物多样性政策、规划和审查机制。

---

① 中华人民共和国外交部. 美国损害全球环境治理报告［R/OL］. ［2020.10-20］. https：//www.fmprc.gov.cn/ce/cgvienna/chn/zgbd/t1825331.htm.

② GEF. GEF-7 programming scenarios and global environmental benefits targets［R/OL］. ［2018-01-23］. https：//www.thegef.org/sites/default/files/events/Financing%20Scenarios%20and%20Targets%2C%203rd%20Replenishment%20Meeting%2C%20DRAFT%2C%202018-01-22%2023h00.pdf.

GEF 虽然为全球生物多样性保护作出了大量贡献，大部分发展中国家和转型国家履约的财务资源主要来自 GEF 的支持，但资金支持与巨大的需求相比仍然远远不足。由于僧多粥少，《公约》面临着履约资金长期不足的问题，通过 GEF 进一步撬动私营部门资金的需求也随着 COP15 会议及 GEF-8 谈判的临近变得更为迫切。

4. 生物多样性融资倡议促进针对自然和生物多样性的投资

生物多样性融资倡议（Biodiversity Finance Initiative，BIOFIN）是一个 5500 万美元的计划，创建于 2012 年，由联合国开发计划署—全球环境基金（UNDP-GEF）在生态系统和生物多样性小组管理下，由欧盟委员会以及德国、瑞士、瑞典、挪威和比利时政府合作实施。BIOFIN 的核心理念是推动生物多样性融资成为各国财政和规划部门的核心考虑，通过帮助各国设计有效的生物多样性融资计划，使融资成为生物多样性保护战略的基础。

目前，BIOFIN 已在超过 40 个国家与政府、社区、私营部门开展合作以促进针对自然和生物多样性的投资。BIOFIN 的专家团队利用定性和定量数据、创新方法和来自各个部门的投入制订生物多样性融资行动方案。具体实施步骤为：

第一步，财政政策和制度审查：评估生物多样性财政的政策、制度和经济背景，绘制现有财政解决方案。

第二步，生物多样性支出审查：衡量和分析目前来自公共、私营部门、捐赠、NGO 等的生物多样性支出。

第三步，生物多样性财政审查评估：对实现一个国家的生物多样性目标所需的财政进行评估，并将其与当前的生物多样性支出和其他可用资源进行比较。

第四步，生物多样性财政计划：制订生物多样性融资计划，确定和调动实施最合适融资解决方案所需的资源和政策。

生物多样性融资解决方案千差万别，BIOFIN 已经在网上列出了 150 多个可供选择的方案。解决办法由公共或私人收入或贡献、自愿或强制计划基础、市场或法规指导等因素决定。凭借 BIOFIN 的知识和独特的方法，其正在努力将生物多样性工作扩展到世界各地，以确保自然和社会拥有一个更绿色、更安全的未来。

BIOFIN 目前已进入运行的第二阶段。第一阶段自 2012 年开始，至 2018 年结束，第二阶段自 2018 年开始，至 2022 年结束。在第一阶段，BIOFIN 开发了一种创新的方法，帮助各国建立其实际生物多样性支出的国家基线测量，并计算出它们缺乏多少资金来实现其生物多样性目标。在 30 个国家进行的这项工作表明，它们在生物多样性保护方面的支出通常低于其国内生产总值（GDP）的 1%。但 BIOFIN 不仅仅关注的是这些数字，其理念的核心是，生物多样性融资应成为财政和规划部门的核心问题。此外，引入私营部门同样重要。330 个参与国制订了本国生物多样性融资计划，并制定融资机制，这些机制在填补国家生物多样化资金缺口方面具有巨大的潜力。从 2018 年第二阶段开始，BIOFIN 改变了重点，开始支持各国建立和改善融资机制。如助力菲律宾为其保护区系统通过一项 4000 万美元的预算提案，帮助墨西哥设计环境基金，帮助赞比亚搭建绿色债券框架等。

（三）生物多样性保护列入中国"十四五"规划，持续推动生物多样性融资

中国于 1992 年签署《生物多样性公约》，成为《公约》的缔约方之一。随后，中国根据自身国情，制定并及时更新生物多样性保护国家战略，践行生物多样性保护。根据中央与地方公布的"十四五"规划，生物多样性也是中国与其多个省级行政单位"十四五"规划中的重点内容。

中央层面，我国已在《野生动物保护法》《森林法》《草原法》《畜牧法》《种子法》和《进出境动植物检疫法》等多部法律中体现了生物多样性保护的理念。此外，2020 年 10 月 29 日中国共产党第十九届中央委员会第五次全体会议通过《中共中央关于制定国民经济和社会发展第十四个五年规划和二〇三五年远景目标的建议》，在"推动绿色发展，促进人与自然和谐共生"一节中，提及"提升生态系统质量和稳定性。坚持山水林田湖草系统治理，构建以国家公园为主体的自然保护地体系。实施生物多样性保护重大工程。加强外来物种管控。强化河湖长制，加强大江大河和重要湖泊湿地生态保护治理，实施长江十年禁渔。科学推进荒漠化、石漠化、水土流失综合治理，开展大规模国土绿化行动，推行林长制。推行草原森林河流湖泊休养生

息，加强黑土地保护，健全耕地休耕轮作制度。加强全球气候变暖对我国承受力脆弱地区影响的观测，完善自然保护地、生态保护红线监管制度，开展生态系统保护成效监测评估"。

在运用绿色金融支持生物多样性保护方面，中央政府也进行了努力与尝试，在绿色金融中将生物多样性保护纳入支持范畴。如在《绿色产业指导目录》（2019 年版），支持生态环境产业中，涵盖"现代农业种业及动植物种质资源保护""林业基因资源保护""天然林资源保护""动植物资源保护""自然保护区建设和运营"等细分领域。在《绿色债券支持项目目录（2020年版）》征求意见稿中，支持生态环境产业下，涵盖"林业基因资源保护""增殖放流与海洋牧场建设和运营""有害生物灾害防治""天然林资源保护""动植物资源保护""自然保护区建设和运营""河湖与湿地保护恢复"等细分领域，这均表明在推进绿色金融过程中已将生物多样性保护纳入支持的绿色项目中。此外，中央出台的一系列与支持生物多样性保护相关的规划和措施，如自然保护区、国家公园等也会促进运用金融手段支持生物多样性保护。

地方层面，各地方也在绿色金融支持生物多样性保护方面开展了努力和尝试。例如，人民银行玉树州中心支行积极引导金融机构探索绿色金融为三江源国家公园生态环境建设提供金融服务。根据《三江源国家公园总体规划》要求，对三江源国家公园生态保护、生态旅游、基础设施建设等领域项目提供绿色信贷支持；完善金融支撑保障，依托综合化运营平台，通过 PPP等方式参与融资；积极构建绿色金融体系，不断加大绿色信贷投放；鼓励社会资本发起设立绿色产业基金，撬动社会资本加大对绿色产业的投入力度；推进绿色保险发展。

2020 年 9 月 18 日，青海银保监局制订印发了《青海省银行业保险业发展绿色金融支持国家公园示范省建设三年行动方案（2020—2022 年）》，引领全省银行保险机构发挥绿色金融对国家公园示范省建设的支持保障作用。该行动方案提出，力争到 2022 年，青海绿色金融覆盖率达到 35%，建成国家公园绿色金融示范省。

多边合作层面，中外合作共同运用绿色金融推进生物多样性保护也在不断尝试中。例如，2019 年 12 月，世界自然基金会（WWF）和深圳市地球自然基金会（OPF）联合华泰证券，共同发起"一个长江·野生动植物保护小额基金"项目（以下简称"小额基金"），旨在支持长江中下游地区生物多样性的实地保护工作，通过向民间保护团体提供经费，填补部分受威胁物种的保护空白，并向公众普及物种生存和保护现状，支持中国本土 NGO 成长。该基金支持的项目覆盖长江流域 11 种代表性物种，既有长江流域曾经常见、近来极度濒危的青头潜鸭，也有目前在野外难觅踪迹的中华穿山甲。

此外，作为《生物多样性公约》较早的缔约国之一，中国积极履行《公约》缔约方责任。为履行《公约》，国务院批准成立了由生态环境部牵头，24 个部门组成的履约工作协调组，在生态环境部成立了履约办公室。为加强生物物种资源保护与管理，国务院批准设立了以生态环境部牵头，17 个部委组成的生物物种资源保护部际联席会议制度，在生态环境部设立了联席会议办公室[1]。同时，中国为联合国森林论坛及《联合国森林文书》的履行提供资金支持[2]，通过亚太森林组织试点示范项目、澜沧江—湄公河流域森林生态系统综合管理、澜沧江—湄公河流域湿地保护与管理合作、太平洋岛国森林可持续经营能力项目等，帮助其他发展中国家提升森林及生态保护能力。

（四）"基于自然的解决方案"能有效连接生物多样性保护与应对气候变化

目前，全球所面临的各种危机不断升级，人类与环境的关系持续恶化。气候变化、生物多样性丧失、极端天气事件、水资源危机、自然灾害、粮食安全等危机将给人类生存带来严重后果，造成食物短缺、卫生系统和全球供应链瘫痪等重大影响。面对危机，一方面，我们需要创新的解决方案，重新思考人与自然的关系，最大限度地发挥自然的力量；另一方面，我们也需要转变思路，从对自然资源无序的开发和利用，逐渐转变到尊重自然、"与自然合作"的思路上。基于自然的解决方案（Nature-based Solution，NbS），科学合理地利用自然资源，将会对应对气候变化、生物多样性保护、水资源管

---

[1] 秦天宝. 刘彤彤. 生态文明战略下生物多样性法律保护［J］. 中国生态文明, 2019, 000 (2)：24-30.

[2] 联合国. 联合国森林战略规划（2017—2030 年）［EB/OL］. ［2017-08-25］. http://www.forestry.gov.cn/main/4461/content-1021506.html.

理、粮食危机、社会经济发展等重大挑战发挥积极有效的推进作用。利用自然的力量，增加对 NbS 的投资，众多环境与社会问题都有望得到顺利解决，并且可以带来诸多额外收益①。

1. 基于自然的解决方案（NbS）帮助可持续应对环境、社会和经济挑战

（1）NbS 的概念梳理

NbS 是近十年提出的新概念，目前对于 NbS 存在多种定义与解读。欧盟官网将 NbS 定义为"受自然启发及支持的解决方案，这类解决方案高效，提供环境、社会和经济效益并帮助构建应对能力，这类解决方案通过因地制宜、资源高效节约运用和系统性干预提供更多多样性、自然的特色和进程到城市和风景中"，在欧盟看来，NbS 的目的是帮助社会可持续地应对面临的一系列环境、社会和经济挑战，需要有利于生态多样性和助力生态系统服务的供给②。根据世界自然保护联盟官网，其对 NbS 的定义为"保护、可持续地管理和恢复自然的或改良的生态系统，从而有效和适应性地解决社会挑战、并为人类福祉和生物多样性带来益处的行动"③。根据世界银行官网，其对 NbS 的定义为"一种通过利用自然系统提供关键服务的方法，如缓解洪水的湿地或减少海浪、风暴、海岸侵蚀的红树林。这些解决方案还可以与灰色基础设施协同，形成混合解决方案"④。本部分采用大自然保护协会的观点，即"NbS 是积极地利用生态系统的服务功能，应对人类社会面临的重大危机与风险，从而助力实现可持续发展目标的一个整体概念"。NbS 强调充分利用生态系统所能提供的供给（食物、纤维、洁净水、燃料、医药、生物化学物质、基因资源等）、调节（调节气候、空气质量调节、涵养水源、净化水质、水土保持等）、支持（养分循环、土壤形成、初级生产、固碳释氧、提供生境

① 大自然保护协会.解锁自然的力量——基于自然的解决方案［EB/OL］.［2020-07-30］. https：//baijiahao.baidu.com/s? id=1673639075485860747&wfr=spider&for=pc.

② European Commission. The EU and nature-based solutions［EB/OL］. https：//ec.europa.eu/info/research-and-innovation/research-area/environment/nature-based-solutions_en.

③ IUCN. Nature-based Solutions［EB/OL］. https：//www.iucn.org/commissions/commission-ecosystem-management/resources/nature-based-solutions.

④ World Bank. Nature-based Solutions：a Cost-effective Approach for Disaster Risk and Water Resource Management［EB/OL］.［2019-04-10］. https：//www.worldbank.org/en/topic/disasterriskmanagement/brief/nature-based-solutions-cost-effective-approach-for-disaster-risk-and-water-resource-management.

等）和文化服务（精神与宗教价值、娱乐与生态旅游、美学价值、教育功能、社会功能、文化多样性等）功能，来应对目前人类社会面临的一系列重大威胁，同时带来多种经济、环境和社会效益，如降低基础设施成本、创造就业、促进经济绿色增长、提升人类健康和福祉等①。

（2）NbS原则

世界自然保护联盟（IUCN）及其生态系统管理委员会（CEM）为NbS制定了一系列原则，旨在理清NbS的定义及应用，同时在可持续发展的背景下，增强各国家、机构及企业对NbS的理解：

原则1：NbS适应自然保护的原则。NbS并不是自然保护的衍生品或替代品，NbS与自然保护仍有区别。NbS可以作为自然保护的补足品，且受益于自然保护。

原则2：NbS可以单独履行，也可以通过一系列整合的方法建议来应对社会挑战。

原则3：NbS由特定地点的自然和文化背景决定，包括传统、地域和科学的知识背景。NbS是建立在对特定生态系统的全面了解基础上的以依据为基础的方法。而依据可以有不同的来源，包括科学、传统知识，或者二者的结合。由于各地情况不一，NbS需要充分考虑各地自然和文化背景，因地制宜。

原则4：NbS以促进透明度和广泛参与的方式，公平公正地产生社会效益。对于NbS实施而言，重要的是要确保不同类别的利益相关方参与NbS，确保NbS为从地方社区到基础设施运营商直至国家一级的相关方提供利益，避免地方机会丧失的情况出现。

原则5：NbS保持生态和文化的多样性，以及生态系统演进的能力。

原则6：NbS在一定范围运用，如果NbS在极大范围、涵盖多个生态系统的范围中运用的话，可能导致边界交叉的情况。

原则7：NbS能够在为短期经济效益和长期生态服务供应的选择中实现平衡。

---

① 大自然保护协会.解锁自然的力量——基于自然的解决方案［EB/OL］.［2020-07-30］.https：//baijiahao.baidu.com/s？id=1673639075485860747&wfr=spider&for=pc.

原则 8：NbS 是应对挑战的政策设计、应对措施的整合，是复合型的基于自然的解决方案①。

（3）NbS 通过解锁自然力量，助力应对全球挑战

NbS 在应对全球危机中具有巨大潜力，是实现可持续发展目标不可或缺的重要方式，并具有极高的成本效益。预计在新冠肺炎疫情后基于自然的绿色经济复苏可创造 4 亿个就业岗位②；每 1 欧元的生态恢复投资可产生 27.38 欧元的回报③；每 100 欧元的生态恢复投资平均可产生 29.2 个工作岗位，是油气行业的 6 倍④。

NbS 与生物多样性具有深度协同效应。一方面生物多样性是 NbS 实践的重要基础，要在 NbS 设计和实施中充分考虑生物多样性保护和生境营造，如使用本地物种进行生态恢复、近自然林业和土地管理、混交造林、农田管理中的间混套作；另一方面 NbS 的科学实践又是提高生物多样性的重要推手，无论是在城市、乡村还是自然保护区，NbS 都给了我们创新的思路和方法来应对生物多样性危机及其带来的社会挑战⑤。

NbS 还能够为应对气候变化提供创新解决方案。例如通过对生态系统的保护、恢复和可持续管理获得的减排增汇量，能够为实现《巴黎协定》目标贡献 30% 左右的减排潜力或贡献 320 亿吨的减排量。科学有效地利用生态系统及其服务功能帮助人类和野生生物积极适应气候变化带来的影响和挑战⑥。

NbS 在应对自然灾害、水资源和粮食危机中也具有不可替代的作用。例

---

① Emmanuelle Cohen-Shacham, et al. Core principles for successfully implementing and upscaling Nature-based Solutions [J/OL]. Environmental Science & Policy, Volume 98, 2019, Pages 20-29, https://doi.org/10.1016/j.envsci.2019.04.014.

② World Economic Forum. The Global Risks Report 2020 [R/OL]. [2020-01-15]. https://www.weforum.org/reports/the-global-risks-report-2020.

③ Verdone, Seidl. Time, space, place, and the Bonn Challenge global forest restoration target [J]. RESTOR ECOL, 2017.

④ Bendor T., Lester T. W., Livengood A., et al. Estimating the Size and Impact of the Ecological Restoration Economy [J]. Plos One, 2015, 10.

⑤ Marselle M. R., Stadler J., Korn H., et al. Biodiversity and Health in the Face of Climate Change: Challenges, Opportunities and Evidence Gaps [J]. Biodiversity and Health in the Face of Climate Change, pp 1-13, 2019.

⑥ Griscom B. W., Adams J., Ellis P. W., et al. Natural climate solutions [J]. Proceedings of the National Academy of Sciences of the United States of America, 2017, 114 (44): 11645-11650.

如，森林、湿地和洪泛平原等"自然基础设施"可大大缓解自然灾害和气候风险。相对于传统的单一的水利工程、海堤等"灰色"基础设施，NbS 可以作为工程措施的补充或在一定条件下成为替代方案，提升防灾减灾效果和可持续性①。

NbS 带来了自然保护领域的创新与变革的方向，但也面临科技发展、实践经验改良以及资金筹措等多个挑战。NbS 的实践落地急需包括政府相关部门、企业领导者、民间机构和社会公众等多方力量的参与。NbS 的规模化实施将为世界各地的社区带来环境、社会和经济效益。将自然的力量融入商业和发展，对于创建一个滋养和维持所有生命的更健康的地球至关重要。

2. 基于自然的解决方案具有多重效益，但仍面临诸多挑战

相较于传统的工程手段，NbS 的应用往往带来生态保护、气候变化减缓、适应以及社会经济等多重效益。首先，应用 NbS 有助于恢复生态系统、增强生态系统韧性和人类对气候风险的适应能力。这与 NbS 的基本理念契合，通过保护自然，利用自然提供的生态系统功能以抵御可能的气候风险。比如，保护红树林有助于固化土壤，防止风暴潮侵袭，减少沿海居民受气候变化可能带来的极端天气的威胁。其次，通过保护森林、草地、湿地等重要生态系统，以及养护退化的生态系统等方式，NbS 能够增加陆地碳汇，并提供减缓气候变化的效益。研究表明，从现在到 2030 年，应用 NbS 可以贡献将升温幅度控制在 2℃ 之内的减排路径中 1/3 的减排量。TNC 等机构对全球 NbS 潜力的分析表明，到 2030 年，每年全球 NbS 的最大减排潜力达 238 亿吨二氧化碳当量，其中 1/3 的减排潜力属低成本（成本≤10 美元/吨），约 1/2 的减排潜力属有效成本（成本≤100 美元/吨）。这些低成本和成本有效的减排潜力主要来自发展中国家。同时，对 NbS 的扶持将带来许多直接或间接的社会经济效益。据估计，在全球范围内，自然每年提供的生态系统服务的价值约为 125 万亿美元。另外，推行 NbS 将有助于规避气候风险带来的公共财政风险、创造新的就业机会、增强韧性并减少贫困。世界经济论坛 NBS 联合总监贾斯汀·亚当斯曾表示，到 2030 年左右，NbS 每年可为世界创造超过 10 万

---

① Global Center on Adaptation. State and Trends in Adaptation Report 2021 [R/OL]. [2021-10-25]. https://gca.org/global-commission-on-adaptation/report.

亿美元的收益，创造 3.95 亿个工作岗位。根据 Climate4 Future 的统计，仅在欧盟层面，实现保护 30％的陆地和海洋的目标可以创造 50 万个新的工作岗位，新保护区还可以为欧洲带来每年数百万欧元的旅游收入。实现该目标后对生物多样性的保护，还会进一步为欧洲的渔业和保险业带来每年高达数百亿欧元的收益。在城市层面，NbS 项目能够增强城市发展的可持续性，改善居民生活。比如，建设城市绿地和中央花园不仅可为居民提供必要的自然景观，也可在生物栖息地之间搭建廊道，实现生物多样性保护。海绵城市的建设在调节城市内涝的同时，也能调节雨水建造的"水公园"以及地下蓄水层等设施，为野生动植物提供更多栖息地。

大规模发展 NbS 仍面临政策衔接、资金支持、技术支撑与机制设计方面的诸多挑战。首先，NbS 尚未被完全纳入各国国家层面的政策与目标中。截至 2020 年，在已提交的国家自主贡献方案（NDC）中，仅有 27 个方案提及了 NbS。其次，NbS 面临较大的资金缺口。据世界经济论坛估算，如果要在 2050 年实现把升温幅度控制在 1.5℃以内的目标，NbS 的资金缺口将超过每年 4000 亿美元。NbS 项目的投资周期通常较长，项目的规模因当地实际情况而不同。同时，NbS 项目的经济可行性和前景较难量化，在政府相关激励政策缺位的情况下，投资人会更倾向于资金量大且投资周期较短的项目，导致针对 NbS 的投资意愿不足。再次，大规模推行 NbS 仍需更坚实的技术支撑，比如现有项目数据不够丰富，NbS 项目的潜在长期影响评估仍需进一步研究积累。最后，缺乏配套的机制与组织架构。比如，目前尚无专门的第三方机构或政府部门提供 NbS 的项目设计、可行性分析以及评估工作等相关服务。NbS 也需要全球公认的，一定程度上统一的原则和标准，避免部分项目出现"漂绿"行为①。

---

① 创绿研究院. 自然生态系统告急，基于自然的解决方案（NbS）如何主流化？［EB/OL］.［2020-09-10］. https：//www.ghub.org/climate-wire-282/.

四、气候投融资对疫情防控的支持作用

  2020 年初新冠肺炎疫情暴发，迅速波及全球。这一公共卫生事件备受国际关注，也对世界与中国经济产生重大影响，这是世界经济出现自大萧条后最严重的衰退，世界经济增速从 2019 年的 2.8% 猛降至 -3.3%，大部分国家经济增速均为负值，中国虽然为唯一经济正增长的主要经济体，但也受到重创，从 2019 年的 6.1% 降至 2020 年的 2.3%。① 但工业、消费的缓滞使得工业、运输、能源等板块的碳排放显著下降，最终使得 2020 年温室气体排放量较 2019 年减少约 23 亿吨，降幅达 6.4%。② 各国政府与公众一方面需要进一步提高公共卫生和健康的认知能力，另一方面也可以此疫情为契机推动绿色复苏。

  需要补充的是，在疫情蔓延时期，气候变化因素亦不容忽视。气候变化对人类及其生活环境产生长远和广泛的影响，这些影响直接或间接作用于人类社会，全方位、多层次地影响甚至制约社会经济发展。气候变化会带来诸如高温干旱、传染病流行、海平面上升、农作物减产、全球降雨格局改变等影响，危及人类健康。其中，现代科学研究证实气候变化加大了传染病传播概率，这给公共卫生领域带来前所未有的挑战，也大大增加了气候变化给人类健康带来的负面影响。在过去的十多年间，全球各国积极行动，通过气候融资活动，加强减缓和适应气候变化活动，力图减少温室气体排放，并增强气候变化韧性，但整体而言全球应对气候变化行动对公共卫生领域关注较少。因此，应对气候变化是解决公共卫生问题的关键因素之一，为减少类似疫情的传播，必须大力发展气候融资，高度关注气候资金在公共卫生领域的投入。

---

① 国家统计局. 2020 年国民经济稳定恢复　主要目标完成好于预期［EB/OL］.
［2021-01-18］. http：//www. stats. gov. cn/tjsj/zxfb/202101/t20210118_1812423. html.
② Jeff Tollefson. COVID curbed carbon emissions in 2020 — but not by much［EB/OL］.
［2021-01-15］. https：//www. nature. com/articles/d41586-021-00090-3.

（一）疫情肆虐冲击全球经济，造成碳排放短时减少

2020 年，新冠肺炎疫情在全球范围肆虐，对世界经济产生猛烈冲击，世界经济出现自大萧条后最严重的衰退，大部分国家经济增速均为负值，各国普遍面临物价下跌与失业率攀升的难题。不过，各国实施防止疫情传播的政策也使得全球碳排放量出现历史最大降幅。尽管一年碳排放下降不会对抑制气候变化产生显著影响，但各国政府可以以此为契机推动绿色复苏：通过营造更加清洁的空气、生活用水、有效的管理废物排放以及增强生物多样性，减轻疫情对社区的影响，同时推动经济发展、创造就业和减少社会不平等。

1. 受疫情影响，全球碳排放量出现历史最大降幅

根据全球碳计划组织（Global Carbon Project，GCP）发布的《2021 年全球碳预算报告》，受新冠肺炎疫情的影响，全球碳排放量从 2019 年的 367 亿吨下降至 2020 年的 348 亿吨，下降 19 亿吨，是有记录以来下降绝对值最大的一年[①]。世界上碳排放最大的部分经济体在 2020 年内产生的碳排放均量已出现了明显的下降，其中美国下降约 10%，欧盟下降约 9%，印度下降约 7%。中国则由于 2020 年下半年更为迅速地疫情恢复，使得其全年碳排放量产生了约为 0.8% 的增幅[②]。相关研究指出，疫情蔓延下各国政府实施的防止疫情传播的政策对全球能源需求产生巨大冲击，随着各国大量人口被要求居家办公以及关闭边境，消费率和运输率都显著下降，工业的停工缓工、交运的禁流限流、消费的缓滞使得工业、运输、能源等板块的碳排放显著下降，最终使得 2020 年温室气体排放量较 2019 年减少约 19 亿吨，降幅 5.4%。虽然仅仅一年的碳排放下降并不会对抑制气候变化产生显著影响，但疫情后经济恢复将会成为全球应对气候变化、实现长期碳减排的重要机遇。

2. 疫情肆虐下，全球各国经济遭受猛烈冲击

2020 年，随着新冠肺炎疫情在全球肆虐，世界各国经济受到了巨大冲

[①] Global Carbon Project. Global Carbon Budget 2021 [EB/OL]. https：//www. globalcarbonproject. org/carbonbudget/21/highlights. htm.

[②] IEA. Global Energy Review：CO$_2$ Emissions in 2020 [EB/OL]. [2021-03-02]. https：//www. iea. org/articles/global-energy-review-co$_2$-emissions-in-2020.

击。第一，世界各国经济增速大幅回落甚至负增长。2020 年世界经济增速为-3.3%，为第二次世界大战以来的最低增长速度，此增速与国际货币基金组织（IMF）在 2020 年初预测的 3.3%的经济增速有较大差异。全球主要国家和地区除中国外，GDP 增速均为负值，其中发达经济体整体 GDP 增速为-4.7%，新兴市场和发展中国家 GDP 增速为-2.2%，而中国 2020 年 GDP 增速为 2.3%，为 2020 年唯一经济正增长的主要经济体。

第二，各国面临物价下跌与失业率攀升的难题。美国 CPI 当月同比增速从 2020 年 1 月的 5%，降至 5 月仅 0.1%；失业率从 2020 年 1 月的 3.5%猛增至 4 月的 14.8%，尽管 12 月回落至 6.7%，但相比年初仍有较大增长。欧盟 CPI 当月同比增速从 2020 年 1 月的 1.7%，降至 12 月的 0.3%；失业率从 2020 年 1 月的 6.6%升至 12 月的 7.4%。中国 2020 年 CPI 当月同比增速从 2020 年 1 月的 5.4%，降至 2020 年 12 月的 0.2%；失业率从 2020 年 1 月的 5.3%降至 12 月的 5.2%，是全球为数不多的失业率下降的国家。

第三，贸易与跨境投资减少以及大宗商品价格异动。据联合国贸易和发展会议（UNCTAD）发布的《2020 贸易和发展报告》显示，2020 年全球商品贸易较上年下降 20%，全球外国直接投资较上年缩减 40%。而中国净出口部分对 GDP 当季同比拉动从 2020 年第一季度的-1.07%提升至第四季度的 1.44%。中国由于良好的抗疫政策与稳定的环境，净出口保持韧性，支撑 GDP 增长。2020 年大宗商品价格经历了过山车式的跌涨。2020 年布伦特油价从 1 月最高 71.75 美元/桶，降至 4 月最低 15.98 元/桶，又回升至 12 月的 52.48 元/桶。矿产品中铜、铁矿石价格也在 2020 年下半年飙升。

第四，发达经济体资产价格止跌回升、各国债务迅速扩张。2020 年 3 月，美国股市出现 4 次熔断，金融恐慌蔓延。但美国等主要经济体央行立即推出非常规宽松的货币政策救市。随着海量流动性的注入，美国股价一路攀升，欧洲各大指数也出现上升。此外，面对突发疫情，各国均采取各种应急对策，美国推出无限量宽松政策刺激经济，同时大力度财政纾困政策也把 2020 年预算赤字提升至 3.13 万亿美元，为"二战"结束以来最高[1]。而中国则是管好货币"总闸门"，科学把握货币政策力度，既保持流动性合理充

---

[1]　张宇燕. 新冠肺炎疫情与世界经济形势［J］. 当代世界，2021（1）：13-20.

裕，促进货币供应量和社会融资规模合理增长，又坚决不搞"大水漫灌"，减少经济波动①。

表 4-1　世界主要经济体 2018—2020 年 GDP 增速

GDP 增速（%）	2018 年	2019 年	2020 年预测值	2020 年实际值
世界经济	3.6	2.8	3.3	-3.3
发达经济体	2.3	1.7	1.6	-4.7
美国	2.9	2.2	2.0	-3.5
欧元区	1.9	1.3	1.3	-6.6
德国	1.5	0.6	1.1	-4.9
法国	1.7	1.5	1.3	-8.2
意大利	0.9	0.3	0.5	-8.9
西班牙	2.6	2	1.6	-11.0
日本	0.8	0.7	0.7	-4.8
英国	1.4	1.5	1.4	-9.9
加拿大	1.9	1.7	1.8	-5.4
其他发达经济体	2.6	1.7	1.9	-2.1
新兴市场和发展中经济体	4.5	3.7	4.4	-2.2
亚洲新兴和发展中经济体	6.4	5.5	5.8	-1.0
中国	6.6	6.1	6	2.3
印度	6.8	4.2	5.8	-8.0
东盟五国	5.2	4.9	4.8	-3.4
欧洲新兴和发展中经济体	3.1	2.1	2.6	-2.0
俄罗斯	2.3	1.3	1.9	-3.1
拉丁美洲和加勒比	1	0	1.6	-7.0
中东和中亚	1.9	1.4	2.8	-2.9

数据来源：IMF。

3. 各国经济亟待绿色复苏

新冠肺炎疫情暴发后，各国经济与环境层面均面临危机，而绿色复苏带来的增长将是化解双重危机的重要方式。OECD 提出，"绿色复苏"是一个双赢的战略。后续各国通过制订绿色复苏的行动计划、加速经济低碳转型、提

---

① 易纲 . 金融助力全面建成小康社会 [J]. 中国金融，2020（1）：14-18.

高对绿色复苏的金融支持力度、持续跟踪相关项目达成进度等助力绿色复苏。

这一时期，绿色复苏也逐渐成为国际主流，多个国家出台绿色相关经济刺激政策。如欧盟推出"绿色新政"，提出绿色化、数字化作为复苏的核心与基础。美国提出"拜登方案"和"清洁能源革命与环境正义计划"，旨在促进经济可持续增长，重振美国在应对气候变化、气候治理、清洁能源技术、制造业和能源行业发展方面的全球领导力。中国在制定"十四五"规划和2035年远景目标时也提及，未来目标是"经济发展取得新成效、改革开放迈出新步伐、社会文明程度得到新提高、生态文明建设实现新进步、民生福祉达到新水平、国家治理效能得到新提升"，体现出绿色低碳发展是中国新发展理念的一个重要特征[①]。

表4-2 各国绿色复苏相关经济刺激政策

国家（地区）	措施
欧盟	"绿色新政"：绿色化、数字化作为复苏的核心与基础，以发展绿色经济作为新的增长引擎刺激经济复苏、摆脱经济衰退；谋求确立长期稳定增长与资源消耗、环境保护"绿色关系"的新经济发展模式； 提出一揽子经济复苏项目以资金支持电动车销售和充电网络、建筑节能改造和绿色建筑、可再生能源和氢能基础设施等建设； 《欧洲气候法》：到2050年实现温室气体净零排放； 提出"后疫情"时期能源转型计划，将核电排除在外。
美国	"拜登方案"：基于将全球变暖控制在1.5℃以内的目标，提出使美国在2050年前实现"碳中和"，并在各行业实现低碳化的同时增加就业，促进实现经济的可持续增长； 提出2万亿美元的"清洁能源革命与环境正义计划"，主要围绕能源技术创新及应用、气候友好和适应的基础设施建设与改造、气候外交与美国在全球气候治理中领导力、环境和气候治理的公平正义，重振美国在应对气候变化、气候治理、清洁能源技术、制造业和能源行业发展方面的全球领导力。
日本	争取在2050年实现温室气体净零排放。
英国	鼓励更多的可再生能源发电，进一步开发氢等化石燃料的替代品，引导家庭和企业节能，并使供暖和运输脱碳。
韩国	实行"韩国新政"综合规划，推进从高碳经济向低碳经济转型升级； 宣布在2050年前实现碳中和。

① 中华人民共和国中央人民政府.中华人民共和国国民经济和社会发展第十四个五年规划和2035年远景目标纲要［Z］.

（二）气候变化加大疫情传播概率与范围，同时使人类更易感染

气候变化对人类及其生活环境产生长远和广泛的影响，这些影响直接或间接作用于人类社会，全方位、多层次地影响甚至制约社会经济发展。气候变化会带来诸如高温干旱、传染病流行、海平面上升、农作物减产、全球降雨格局改变等影响，危及人类健康。其中，现代科学研究证实气候变化加大了传染病传播概率与范围，同时使人体更易感染病毒，这给公共卫生领域带来前所未有的挑战，也大大增加了气候变化给人类健康带来的负面影响。

1. 气候变化加速病原体繁殖变异，扩大病原体传播

病原体问题是疾病发生、传播的核心问题。全球气候变暖加速了病原体繁殖变异进而产生新型病原体，引发新型传染病流行。温度是影响病原体繁殖的重要变量之一，温度升高会使病原体加速繁殖，在繁殖过程中加快变异速度。研究表明，乙型脑炎病毒、登革热病毒在蚊子体内繁殖复制的适宜温度在20℃以上，26~31℃时病毒复制增加，传染力增强，低于16℃时不繁殖。间日疟原虫孢子增殖时间在14.5℃时为105天，而在27.5℃时只需8.5天。霍乱弧菌及大多数细菌适宜的生长温度为16~42℃，16℃以下则不易繁殖[①]。可见全球气候变暖对病原体繁殖变异的影响。另外，气温升高导致的冰川融化很可能会释放远古时期的病毒，而这些病毒对人体的危害并无历史记录可追溯。研究显示，西藏冰川冰芯中埋藏着超15000年前的28个未知病毒组，气候变化引起的冰川融化很可能将病原体释放到环境中，且目前尚无法判定这些病毒组对人体的影响[②]。

病原体进化包括变异、与其他病原体基因交流等，主要取决于其繁殖的世代数和每一代的繁殖时间，而温度可以直接影响许多病原体的繁殖率，进而影响病原体进化。一项针对导致20世纪暴发的4次全球流感大流行病毒基因分析研究表明，每一次的流感病毒毒株均有禽源性流感病毒提供部分基因

---

① 科苑. 全球气候变暖对传染病的发生有影响吗？[J]. 新疆农垦科技，2018，41（11）：53.

② Zhi-Ping Z, Natalie E. S. et al. Glacier ice archives fifteen-thousand-year-old viruses [J]. Microbiome 9, 160（2021）.

片段，通过基因重配后产生新的毒株，躲过人体免疫系统，从而引起全球流感[①]。这意味着这些流感病毒很大概率都是由同一种病原体通过变异或与其他病原体基因交流而产生新的病原体，危害人类健康。病原体每一次的进化和变异都为下一次的暴发埋下伏笔，病菌抗药性的增加还可能导致超级病毒的出现，加大临床诊治的难度。

2. 气候变化通过影响传染病传播媒介，扩大传染病传播范围

气候变化改变了传染病传播媒介的生存范围，从而扩大传染病的传播范围。伊蚊是登革热、寨卡病毒病、黄热病等多种蚊媒传染病的传播媒介。联合国政府间气候变化专门委员会（IPCC）第五次报告中指出，因为气候变化的原因，伊蚊的活动范围正在改变。传播媒介的活动范围变化导致此类蚊媒传染病的传播范围相继改变和扩张。由于伊蚊生活在炎热、潮湿地区，21世纪前，寨卡病毒病只发生在非洲、亚洲的赤道区域。随着全球气温升高，寨卡病毒在2000年后相继扩散到太平洋地区和南美洲。疟疾的传播媒介之一按蚊的生殖也受降雨量和温度的影响，温度上升有利于按蚊的成活与繁殖[②]。气候变暖导致按蚊的生存范围从热带向两极扩展，疟疾流行范围也会相应扩大，从而威胁没有免疫力的人群。

气候变化还会导致啮齿类动物的数量增加，从而增加人类感染其相关传染病的机会。啮齿类动物不仅自身是大量疾病病原体的宿主，还是蚤和蜱等节肢动物的宿主。有证据显示在温带地区，如果冬季温暖潮湿，则会导致啮齿类动物的数量增加。例如人们主要通过吸入雾化的动物排泄物被感染汉坦病毒。20世纪90年代初，美国南部发生的汉坦病毒肺病综合征就与当地啮齿类动物数量的增加有关。1992—1993年冬季和春季降雨量高于历史平均值，导致啮齿类动物数量增加并增加与人接触的机会，从而传播病毒[③]。

3. 气候变化使人体免疫系统更脆弱，更易感染病毒

气候变化还可以通过影响人体的免疫系统，降低免疫力使得人体更易受

---

① 郭云海，何宏轩．全球气候变暖与传染病 [J]．现代预防医学，2008（22）：4504-4505+4510．

② 贾尚春．全球气候变暖对疟疾传播的潜在影响 [J]．中国病原生物学杂志，2004，17（1）：63-64．

③ 于新蕊，陶立林．厄尔尼诺与人类健康 [J]．国外医学（社会医学分册），2001（4）：175-178．

到病毒的侵害。健康的人体具有有效的热调节系统，能保证人体对热应激做出有效的适应性反应。但当温度变化超过一定的冷热限值时，人体的热调节系统就无法适应外界变化，而增加发病（主要是心肺疾病）和死亡的风险[1]。高温会给人类的循环系统增加负担，热浪会引起人群死亡率的增加，气候的急剧变化一定程度上会降低人体的自身免疫力，此时如若碰上传染性强的疾病，则会加速传染病在人群中的传播速度。当一个地区遭受气候的急剧变化时，该地区暴发流行病的可能性也会相应增大[2]。

一些对动物和人类志愿者的实验证实，大气中的中波紫外线 UVB 照射可损伤细胞介导的免疫反应能力，增加感染病菌的可能性。而到达地面的 UVB 主要是由臭氧层中的臭氧吸收。相关研究表明，大气中臭氧含量每减少 1%，大约会引起具有生物学效应的 UVB 到达地表增加 1.5%～2.0%[3]。甲烷、氟化物等温室气体可与臭氧发生化学反应，消耗臭氧，导致大气环境中 UVB 含量增加，使人类和动物对某些感染性疾病的抵抗力、免疫力下降，发病率增加并加重病情，延长患病期。已有医学证明，结核病、艾滋病、麻风病的中度感染病人在 UVB 引起的免疫抑制情况下可演变为致命感染。

4. 气候变化加剧环境恶化，给传染病诊治带来负面影响

气候变化引起的极端天气如洪涝、干旱等，不仅破坏当地的生态环境，也给潜在致病菌的扩散创造了条件。气候变化问题的背后是人类社会发展带来的巨大化石燃料消耗和资源过度消耗，其所带来的能源危机、环境污染、粮食短缺等民生问题同样影响人类生存。环境的恶化使得致病菌更大可能地繁殖变异，自然界中一些原本存在且不影响人类健康的病毒通过变异造成致病性，通过中间宿主传播给人类，造成大规模传染性疾病流行。水资源短缺、卫生条件恶化的情况，将人类更大程度地暴露在致病菌面前，并给疾病的诊治造成巨大阻碍。

有些地区因为气候变暖而带来降雨格局的变化，出现严重的洪水或干旱

---

[1] 曹毅，常学奇，高增林. 未来气候变化对人类健康的潜在影响 [J]. 环境与健康杂志，2001，18：313-315.

[2] 乌兰图雅. 全球气候变暖对传染病的直接和潜在影响分析 [J]. 河套学院学报，2016，13 (1)：98-102.

[3] 瞿忠琼，陈昌春. 全球变暖对人类健康的影响与对策研究 [J]. 四川环境，2004 (5)：72-75.

等自然灾害，对人类的居住环境带来恶劣影响。洪涝灾害还会使得霍乱、痢疾等水媒传染病扩张传播范围，而灾后恶劣的生活环境和不利的卫生医疗条件也不利于患者和携带者的康复，这也导致健康人群受到疾病感染的可能性进一步增大。受到极端自然天气影响的人也会离开原本的居住地，加速了人口的流动，将疾病带入新迁入地区，从而导致疾病的蔓延，加剧流行疾病的传播[①]。种种现象均表明，气候变化与传染病传播这类公共卫生事件之间有着密不可分的联系。

（三）中国抗疫公共卫生体系建设的资金供需失衡，供给难以满足现阶段需求

显然，气候变化与传染病毒传播、人类身体健康息息相关，进而对中国公共卫生体系带来挑战和冲击。因此，在加强突发公共卫生事件应急管理体系建设的同时也要加强气候融资积极应对全球气候变化，从源头减少传染性疾病的发生。我国的基本国情决定了我国公共卫生体系建设需要大量资金支持，而现有形势下仍存在资金供给不足的困境。

1. 中国公共卫生体系建设资金需求巨大

首先，我国人口、文化因素决定必须建设覆盖面广、危机应对及时的公共卫生体系，总量资金需求持续增大。众所周知，我国人口众多、人口密度大，国家统计局数据显示，截至2020年，我国总人口数约为14.12亿人，城市人口密度约为2613.34人/平方公里，随着城镇化战略推进，如此大的人口基数和密度给传染病集中暴发创造了有利条件。再加上与国外流行的分餐制的饮食习惯不同，受传统文化长期深远的影响，我国人民传统价值观中以家族为纽带，饮食偏好于聚餐，逢年过节喜团聚，这样的饮食方式给飞沫传播类传染病提供了更大可能的传播机会，更易于传染病的传播和扩散。因此，随着气候变化带来的传染病类型增多、传播力加强，与气候变化相关的公共医疗卫生设施建设、卫生资源开发、公共卫生应急系统的建设，以及相关传染性和突发性疾病流行特点、规律和适应策略及技术研究、气候变化条

[①] 盖百东. 气候变化对传染病暴发流行的影响研究进展 [J]. 世界最新医学信息文摘, 2015, 15 (32): 31-32.

件下媒介传播疾病的监测与防控，均需要持续、大量的资金支持。

其次，我国资源禀赋及地区差异决定了必须因地制宜建设地区倾斜、普惠便民的公共卫生体系，结构性资金需求增强。我国人均资源禀赋较差，气候条件复杂，生态环境脆弱，容易受到气候变化带来的不利影响，给公共卫生体系增添压力。特别是落后地区通常都是资源禀赋最差、气候条件最为恶劣的地方，其经济体的脆弱性导致在应对气候变化和疾病传播时，更加缺乏抵御能力。而当前我国的公共卫生医疗体系尚未健全，地区间的医疗水平存在较大差异，偏远地区和资源缺乏地区医疗保障体系不够全面，医疗资源匮乏，给疾病的预防和诊治带来一定难度。因此，要建设一个普惠的公共卫生体系，要充分考虑地区资源禀赋、经济发展水平、医疗卫生水平等差异性，满足不同地区卫生体系建设的结构化资金需求。

2. 中国公共卫生体系建设资金供给不足

（1）资金供给来源以财政资金为主

公共卫生从经济学角度看属于公共物品，其公共性决定了政府在该领域中起到至关重要的作用，财政资金是最主要资金来源。我国公共卫生服务体系以政府为主导，国家、省、市、区县、乡镇各级医疗卫生机构为主体，财政、社保、农业、教育、体育、科技和食药监、媒体等各部门共同配合参与，政府既是决策制定者，也是主要出资者，还是服务提供者以及执法者，而体量巨大的社会资本在公共卫生投融资中发挥作用较小。

（2）不同阶段资金供给方向各有侧重

我国公共卫生体系建设相较于其他发达国家起步较晚，在不同的发展阶段资金投向建设的侧重点也各有不同。新中国成立初期，公共卫生体系的建设重点在于让更多的人民得到基本医疗保障，兼顾流行病学与食品、劳动职业、环境、学校和放射五大卫生领域，在有限的资金支持下尽可能扩大覆盖范围，形成中国特色的社会主义卫生事业雏形[①]。这样的建设特征使得各个领域的卫生工作得到的资金支持较少，且主要集中在基本医疗服务建设上。

20世纪80年代后期，由于改革开放政策给中国社会带来的巨大变革，经济社会条件发生了巨大转变，城镇化进程加快以及人口流动速度加快

---

① 李立明. 新中国公共卫生60年的思考［J］. 中国公共卫生管理，2014，30（3）：311-315.

使得公共卫生服务体系受到了前所未有的挑战，农村的疾病预防体系功能逐渐削弱，资金逐渐转向城镇医疗卫生服务工作的开展。

2003 年严重急性呼吸综合征（SARS）疫情让我国意识到突发公共卫生事件对国民经济和社会发展的重要性，疾病预防控制体系得到高度重视，卫生监测和应急能力建设开始成为公共卫生领域资金投向的建设重点。2006 年国家疾病预防控制局、卫生监督局成立，基本形成了"中央、省、市、县"四级疾病防控和卫生监督体系。2009 年《关于深化医药卫生体制改革的意见》发布，设定了建立健全覆盖城乡居民的基本医疗卫生制度，为群众提供安全、有效、方便、价廉的医疗卫生服务的总体目标，并提出要完善重大疾病防控体系和突发公共卫生事件应急机制，加强对严重威胁人民健康的传染病、慢性病、地方病、职业病和出生缺陷等疾病的监测与预防控制①。2019 年国务院办公厅印发《深化医药卫生体制改革 2019 年重点任务》，提到在公共卫生领域要加大对医疗机构开展公共卫生服务的支持力度，建立医疗机构公共卫生服务经费保障机制，评估基本公共卫生服务项目实施情况，推动提高资金使用效益②。2020 年国务院办公厅发布《关于推进医疗保障基金监管制度体系改革的指导意见》，继续推进医保基金监管制度体系，提升医保治理能力与使用效率，同时深度净化医保制度运行环境，严守基金安全红线③。

（3）财政专项资金支持不足且地区差异较大

我国对公共卫生的资金支持以财政资金为主，且财政支持的比例较小。根据世界银行统计数据显示，中国卫生总支出占国内生产总值的比例远低于发达国家。2019 年中国卫生总费用占国内生产总值的 6.6%④，而同年度美国

---

① 中华人民共和国中央人民政府．中共中央　国务院关于深化医药卫生体制改革的意见 [Z/OL]．[2009-03-17]．http：//www.gov.cn/test/2009-04/08/content_1280069.htm．

② 中华人民共和国中央人民政府．深化医药卫生体制改革 2019 年重点任务 [EB/OL]．[2019-05-23]．http：//www.gov.cn/zhengce/content/2019-06/04/content_5397350.htm．

③ 中华人民共和国中央人民政府．《国务院办公厅关于推进医疗保障基金监管制度体系改革的指导意见》政策解读 [EB/OL]．[2020-07-14]．http：//www.gov.cn/zhengce/2020-07/14/content_5526778.htm．

④ 卫生健康委．2019 年我国卫生健康事业发展统计公报 [EB/OL]．[2020-06-06]．http：//www.gov.cn/guoqing/2021-04/09/content_5598657.htm．

的比例为 16.9%，日本为 11%，英国为 10.2%①。在中央和地方政府 2003—2020 年的历年财政资金支出中，2009 年之前的医疗卫生支出规模大致上虽然每年均在增长，但总体支出比例提升不多，且占比较小。2009 年后，无论中央还是地方，医疗卫生支出比例均有显著的提升。尤其受到新冠肺炎疫情的影响，2020 年中央和地方财政医疗卫生支出大幅提高，中央财政支出中医疗卫生支出从 2019 年的 0.71% 提升至 2020 年的 0.98%；地方财政支出从 8.06% 提升至 8.96%，尽管医疗卫生财政支持比例不高，但政府一直在提升其支出比例，重视程度不断增加。

表 4-3　2003—2020 年中央和地方财政医疗卫生支出②

年份	中央*			地方		
	医疗卫生（亿元）	总支出（亿元）	占比（%）	医疗卫生（亿元）	总支出（亿元）	占比（%）
2003	22.07	7420.1	0.30	755.98	17848.41	4.24
2004	22.39	7894.08	0.28	832.25	21199.98	3.93
2005	21.26	8775.97	0.24	1015.55	25866.27	3.93
2006	24.23	9991.4	0.24	1296	31218.6	4.15
2007	34.21	11442.06	0.30	1955.75	39202.08	4.99
2008	38.87	13344.17	0.29	2710.26	50194.86	5.40
2009	63.5	15255.79	0.42	3930.69	61044.14	6.44
2010	73.56	15989.73	0.46	4730.62	73884.43	6.40
2011	71.32	16514.11	0.43	6358.19	92733.68	6.86
2012	74.29	18764.63	0.40	7170.82	107188.3	6.69
2013	99.5	20471.76	0.49	8203.2	119740.3	6.85
2014	90.25	22570.07	0.40	10086.56	129215.5	7.81
2015	84.51	25542.15	0.33	11868.67	150335.6	7.89
2016	91.16	27403.85	0.33	13067.61	160351.4	8.15

① Statista. Health expenditure as a percentage of GDP in select countries 2019 [DB/OL]. [2021-09-21]. https://www.statista.com/statistics/268826/health-expenditure-as-gdp-percentage-in-oecd-countries/.
② 数据来源：国家统计局。

续表

	中央*			地方		
2017	107.6	29857.15	0.36	14343.03	173228.3	8.28
2018	210.65	32707.81	0.64	15412.9	188196.3	8.19
2019	247.72	35115.15	0.71	16417.62	203743.2	8.06
2020	342.78	35095.57	0.98	18873.41	210583.46	8.96

注：中央支出只包含中央本级支出，不包含转移支付支出。

另外，虽然近年来政府在医疗卫生财政支持中注重公平和实际需求并重的原则，地区间财政医疗卫生支出差距在不断缩小，但仍存在地区间差异。2007—2014 年，东部地区的财政医疗卫生支出由占全国的 46.94% 降至 41.91%，中部地区的比重由 25.54% 增至 29.58%，西部地区的比重由 27.52% 增加到 29.58%，但地区间差异仍较为显著。除此之外，同一地区不同省份的财政医疗卫生支出也存在较明显差异，其中又以东部地区的区间差异最为突出①。财政总投入低、地区投入不均衡等因素导致公共卫生事业发展缓慢，无法满足现阶段的整体需求。

（四）气候投融资支持中国抗疫公共卫生体系建设的基础不断完善，但仍面临重大挑战

中国公共卫生体系建设面临巨大的资金需求，但以财政资金为主要资金供给渠道难以有效支持。公共卫生体系建设作为气候适应领域的重要内容，如何充分发挥气候融资体制机制的作用，创新有效的融资工具撬动社会资本投向该领域，提高全社会对突发性公共卫生事件的应对能力，是当前我们应该思考的关键问题。

1. 气候融资支持中国公共卫生体系建设的基础逐渐完善，且日益受到重视

（1）气候融资支持公共卫生领域已具备一定的政策基础

我国在制定应对气候变化规划时也充分考虑到气候变化对人体健康的影响以及对公共卫生系统的巨大需求，将人体健康领域纳入规划中，将其作为

---

① 裴金平，刘穷志. 中国财政医疗卫生支出的泰尔差异与效率评价 [J]. 统计与决策，2017 （24）：80-84.

中国适应气候变化范畴的内容。《国家应对气候变化规划（2014—2020年）》中提出要提高人群健康领域适应能力作为适应气候变化影响的七大方面之一，具体需完善气候变化脆弱地区公共医疗卫生设施；健全气候变化相关疾病，尤其是传染性和突发性疾病流行特点、规律和适应策略、技术的研究；加强对气候变化条件下媒介传播疾病的监测与防控；加大与气候变化相关卫生资源投入与健康教育，从而达到提高人群适应气候变化能力的目的①。《国家适应气候变化战略》中也将人体健康领域同基础设施、农业、水资源、海岸带和相关海域、森林和其他生态系统、旅游业和其他产业一道列为中国适应气候变化的七大重点任务之一，分完善卫生防疫体系建设、开展监测评估和公共信息服务、加强应急系统建设三方面开展人群适应气候变化工作②。因此，气候融资活动对公共卫生体系建设的支持具备了一定的政策基础。

（2）政府和公众对公共卫生体系建设的重视程度日渐提高

新冠肺炎疫情的暴发，大大提高了政府和公众对公共卫生领域的重视，也使得相关领域的项目投资、科研开发和监测监督持续加强。在经济全球化的趋势越来越明显的背景下，传染病等突发性公共卫生事件全球大范围传播的概率大大增强。从疫情的传播也可看出，全球均受到此次疫情大流行的影响，没有一个国家可以独善其身，因此也需要全球通力合作，将突发性公共卫生事件对社会经济的影响降到最小。另外，气候变暖给传染病传播带来有利条件，而整体变暖趋势在短时间内无法扭转，因此将加大未来传染病发生的概率，持续给公共卫生体系施加压力。所以现阶段应加快完善公共卫生体系建设，尤其加强对突发性公共卫生事件的防护和快速应对能力建设。

（3）气候投融资对公共卫生体系建设具有借鉴意义

气候变化与公共卫生领域从经济学上都是公共物品的属性，具有典型的非竞争性和非排他性。两者因为这一共同属性，容易产生公共物品易导致的"公地悲剧"，即被社会共同使用的产品最终会由于产权模糊，过度使用而最

---

① 国家发展和改革委员会. 国家应对气候变化规划（2014—2020年）[Z/OL]. [2014 - 11 - 25]. http://www.scio.gov.cn/xwfbh/xwbfbh/wqfbh/2014/20141125/xgzc32142/Document/1387125/1387125_1.htm.

② 国家发展和改革委员会. 国家适应气候变化战略 [Z/OL]. [2013 - 11 - 18]. http://www.gov.cn/zwgk/2013-12/09/content_2544880.htm.

终损害的现象。因此两者都过度依靠公共资金的投入,社会资本进行投融资的案例较少。

应对气候变化问题由于提出较早,得到公众的重视,气候金融、碳金融等理论基础也相继产生,为撬动社会资本进行投资提供了丰富的融资工具和风险防范与共担机制,降低了社会资本的投资顾虑。国家层面气候变化政策的出台一定程度上给气候融资创造了有利的政策支持环境。在国家政策支持下,2018年中国碳强度下降4.0%,比2005年累计下降45.8%[1],提早完成《巴黎协定》下碳强度下降的中国自主贡献目标。另外,可再生能源技术、低碳技术的进步和普及,使减缓领域的部分项目成本降低,也提高了社会资本参与气候融资的积极性。因此,公共卫生领域也可以从气候投融资活动中筹集资金,借鉴气候融资的丰富经验,提高项目综合投资收益率,给社会资本参与公共卫生体系建设打通渠道。

2. 气候投融资支持中国公共卫生体系建设仍面临诸多挑战

(1) 整体气候资金难以满足《巴黎协定》下温控目标

气温升高给公共卫生体系带来前所未有的挑战,因此将全球升温控制在合理范围内显得至关重要。近年来中国在应对气候变化领域投入大量资金,但整体的气候资金规模仍无法满足实际需求。有研究表明,要实现《巴黎协定》下的国家自主贡献目标,中国在2016—2030年共需投入资金约55.95万亿元,平均每年3.73万亿元左右,其中人体健康领域在这期间需要的总投资为1.31万亿元[2]。也有专家表示中国2019—2023年每年需要投入至少2万亿~4万亿元人民币(3200亿~6400亿美元)应对环境与气候变化问题[3]。

目前对气候资金投入的统计由于缺少权威定义和科学计算,尚未能获得系统数据。但从近期公共财政支出的规模来看,目前的资金体量很难满足中国应对气候变化问题的总需求。2019年全国一般公共预算中节能保护支出

① 生态环境部.中国应对气候变化的政策与行动2019年度报告 [R].
② 柴麒敏,傅莎,温新元等.中国实施2030年应对气候变化国家自主贡献的资金需求研究 [J].中国人口·资源与环境,2019,29 (4):1-9.
③ 周小川.以绿色融资促可持续发展 [J].中国金融,2018 (13):11.

7390.22 亿元，仅占财政支出比例的 3.09%①。因此必须提高气候融资投入力度和调动更多利益相关方为应对气候变化领域注资。

（2）气候资金重点支持减缓领域，公共卫生领域支持力度不足

世界经济论坛发布的《2020 年全球风险报告》指出，气候变化的威胁已成为全球主要的长期风险，各国应尽快协同合作，共同应对气候变化的长期挑战。但从全球范围看，气候资金大多数流向减缓气候变化领域，公共卫生等适应领域缺少资金支持。造成气候资金投资比重失衡的原因，一方面是由于全球气候变化政策对减缓层面的扶持让这类项目具备更大的落地概率，项目风险较小；另一方面，减缓气候变化的技术手段更为成熟，使得减缓项目具有更高的收益回报率，能吸收到更多资金投入。相较而言，适应气候变化领域因其经济效益难以估值，对资金的吸引力不足，得到的资金支持较少。

各个国家和地区近两年出台的气候政策多针对减缓领域。如 2019 年 12 月，欧盟发布《欧洲绿色协议》（*European Green Deal*），协议虽然全方位地涵盖应对气候变化行动的各方面，但重点落在推广清洁能源和发展循环经济，并为 2050 年实现净零排放而努力。与之相对，针对适应领域的政策尚未得到充分凸显，目前全球已经通过至少一项国家层面的适应文书②的国家约占 79%，而向 UNFCCC 提交了国家适应计划（NAP）的发展中国家仅占 16%③，适应政策的普及性和力度依旧有待提高。

从国际气候资金专项统计中也可以看出，气候适应领域的融资规模远小于减缓领域，而公共卫生作为适应领域支持的部分得到的资金支持就更为有限。CPI 统计数据显示，在 2017—2018 年统计的所有气候资金中，仅有 5% 的比例投入到适应领域。虽然适应资金总额相较于之前有大幅的提高，但是适应资金的供给依旧明显不足，且几乎所有适应资金均来自公共部门。在公共适应资金的具体投向上，水资源管理、农业、林业、土地使用和自然资源管理等是投入最多的领域，其中疾病风险管理位列第三，在 2017—2018 年获得的适应资金仅为 70 亿美元，相应的资金支持依旧较为有限。

---

① 数据来源：国家统计局。

② 例如计划、战略、政策或法律等。

③ UNEP. Adaptation Gap Report 2020［R/OL］．［2021-01-14］. https：//reliefweb. int/report/world/adaptation-gap-report-2020.

图 4-1   2015 年/2016 年和 2017 年/2018 年公共适应资金按领域划分

（3）气候领域投融资以公共资金为主，社会资本的参与度有待提高

近年来无论在中央还是地方财政决算中，投向气候变化领域的公共资金的绝对规模都显著增加。中央财政对节能环保领域支出从 2010 年的 69.48 亿元增至 2020 年的 344.26 亿元；地方财政对节能环保领域支出从 2010 年的 2372.50 亿元增至 2020 年的 5989.14 亿元，体现了政府财政对应对气候变化及污染防治方面的资金支持。

表 4-4   中国中央和地方财政支出中气候变化相关支出   单位：亿元

分类	中央			地方		
	2010	2015	2020	2010	2015	2020
节能环保	69.48	400.41	344.26	2372.50	4402.48	5989.14
医疗卫生	73.56	84.51	342.78	4730.62	11868.67	18873.41
财政总支出	15989.73	25542.15	35095.57	73884.43	150335.62	210583.46

中国一直在探索提高社会资本进行气候融资的方式，建立政府和社会资本合作（PPP）模式、发布可再生能源补贴和税收优惠政策等有效举措刺激社会资本投资，起到了一定的撬动社会资本的作用。但气候友好型产业由于周期较长、前期投入大以及面临较大的政策风险、气候风险等不确定因素，不受社会资本的偏好。因此对气候项目的投融资整体上还是以公共资金

支持为主。

（4）现行气候融资政策对公共卫生体系建设的支持力度尚待提升

目前中国还未出台应对气候变化融资的指导意见，整体上也缺少对公共卫生相应领域的政策支持。气候融资可发挥强力资金支持作用，支持应对气候变化活动的开展。气候融资活动的开展需要强有力的政策支持和指引，规范和引导资金精准流向绿色、低碳领域，促进低碳和气候适应性行业发展，减少对高污染、高排放行业的注资，优化产业结构，使全社会具备减缓和适应气候变化的能力。

现实中，气候融资活动对人体健康以及公共医疗卫生体系建设的支持有限。气候融资创新工具如气候信贷、气候保险、气候债券、气候基金等，吸引的资金多数流向可再生能源、低碳交通、低碳建筑等领域，而对公共卫生等适应领域的气候资金支持较少。因此在气候融资政策的制定中要重点考虑对公共卫生体系建设的支持，为资金流向这些领域创造良好政策环境。

五、多边开发银行气候融资情况

多边开发银行是国际气候融资的关键一环，尤其在支持新兴经济体与发展中国家减少温室气体排放与增强气候变化适应能力方面发挥着重要作用。多边开发银行提供期限更长、更稳定且更优惠的资金，与气候项目契合度高；多边开发银行介于国家预算与社会资本之间，在私人投资者不愿投资的领域提供战略性投资，也在国家预算削减时补足空缺，且可以通过承担风险、提供担保增信，并要求项目所在国政府提供配套资金等方式同时增加当地公共与社会资本投入，以扩大气候投融资规模，在撬动社会资本方面具有独特优势。此外，多边开发银行能够以更大规模、更丰富的投资经验为基础提供技术援助，从而提高气候项目的价值与可融资性。

在过去的数年中，多边开发银行气候资金规模稳步增长。2020年，世界银行集团、亚洲开发银行与欧洲复兴开发银行等8家主要多边开发银行的气候投融资规模达660亿美元，相比2015年的430亿美元提升约56%，其中约500亿美元为气候减缓投融资，占总气候投融资约四分之三，气候适应投融资规模约160亿美元。从资金投向来看，多边开发银行对中低收入国家的气候投融资额升幅最大，达100亿美元，提升100%；对低收入国家的气候投融资额升幅虽然也为100%，但由于基数较低，提高约20亿美元。2015—2018年，多边开发银行对高收入国家的气候投融资规模由210亿美元减少至150亿美元，但此后逐年上升，2020年时已升至280亿美元，占气候投融资总额的42%；中高收入国家变化趋势与高收入国家相反，2015—2018年由80亿美元上涨一倍至160亿美元，但此后逐年下降，2020年规模仅120亿美元，不足高收入经济体的一半。

本章将对8家主要多边开发银行，即世界银行集团、亚洲开发银行、亚洲基础设施投资银行、欧洲复兴开发银行、欧洲投资银行、美洲开发银行、非洲开发银行和伊斯兰开发银行的气候投融资进展进行梳理。

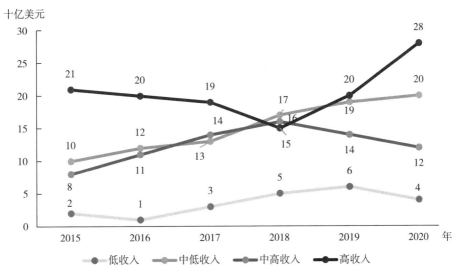

图 5-1　2015—2020 年多边开发银行在各收入类型经济体的气候投融资额

(数据来源：中央财经大学绿色金融国际研究院整理)

（一）世界银行集团

世界银行集团一直是气候投融资规模最大的多边开发机构之一。2020年，世界银行集团气候投融资规模达 220 亿美元，仅次于欧洲投资银行的 279 亿美元，规模远超其他多边开发银行。同时，与近 90% 的气候资金投向高收入国家的欧洲投资银行不同，世界银行集团超过 95% 的气候资金投向中低收入国家，对经济发展程度较低的国家建立气候友好型发展模式并提高气候韧性作出重要贡献。

1. 致力于通过长期贷款和技术援助帮助发展中国家减少贫困、促进繁荣

世界银行集团（World Bank Group，WBG）最早由 1944 年 7 月在美国召开的布雷顿森林会议提出建立，1945 年 12 月正式宣告成立，1946 年 6 月正式运营，并在 1947 年 11 月成为联合国的专门机构。世界银行集团总部设在华盛顿，到 2020 年，世界银行集团共有 189 个成员国。其主要目标是通过长期贷款和技术援助帮助发展中国家减少贫困、促进繁荣。

世界银行集团下设五大机构。第一是国际复兴开发银行（International Bank for Reconstruction and Development），也即"世界银行"，作为世界银行

集团的主要机构，其主要目标是向中等收入国家政府和信誉良好的低收入国家政府提供贷款。第二是国际金融公司（The International Finance Corporation），作为世界银行集团的两大附属机构之一，其主要目标是配合世界银行的业务活动，向成员国特别是其中的发展中国家的重点私人企业提供无须政府担保的贷款或投资，鼓励国际私人资本流向发展中国家，以推动这些国家的私人企业的成长，促进其经济发展。第三是国际开发协会（International Development Association），作为世界银行集团的两大附属机构之一，其主要目标是为低收入的国家提供条件优惠的长期贷款，以促进其经济的发展。贷款对象仅限于成员国政府，主要用于发展农业、交通运输、电子、教育等方面。第四是多边投资担保机构（Multilateral Investment Guarantee Agency），其主要目标是向外国私人投资者提供政治风险担保，包括征收风险、货币转移限制、违约、战争和内乱风险担保，并向成员国政府提供投资促进服务，加强成员国吸引外资的能力，从而推动外商直接投资流入发展中国家。第五是国际投资争端解决中心（The International Center for Settlement of Investment Disputes），是一个通过调解和仲裁的方式，专为解决政府与外国私人投资者之间争端提供便利而设立的机构。其宗旨是制定调解或仲裁投资争端规则，受理调解或仲裁投资纠纷的请求，处理投资争端等问题，为解决成员国和外国投资者之间争端提供便利，促进投资者与东道国之间的互相信任，从而鼓励国际私人资本向发展中国家流动。

2. 气候政策着眼于整合气候与发展，最大限度地发挥气候融资的影响

世界银行集团近年积极提出气候政策，并推动应对气候变化的投融资活动以推动符合气候目标的发展。2016年，世界银行集团发布世界银行气候变化行动计划（World Bank Group Climate Change Action Plan 2016—2020），加大在可再生能源、可持续城市、气候智能型农业、绿色交通及其他领域的行动力度，确立了到2020年的宏伟目标——到2020年，世界银行集团将帮助发展中国家增加30GW可再生能源，为1亿人建立早期预警系统，协助至少40个国家制订气候智能型农业投资计划。行动计划旨在加快未来5年应对气候变化的步伐，帮助各国履行对巴黎气候变化大会的承诺。具体而言，世界银行集团将围绕4大优先领域展开活动。第一，支持政策和制度的改革，如支持各国推出气候政策、将应对气候变化投资计划转化为行动，并通过咨询

服务、公共支出审查和发展政策性业务将气候变化纳入各国政策考虑和预算中。第二，通过对全球各类资源的整合和与各国监管部门的合作，使世界银行成为绿色银行的标杆与榜样，为企业及项目提供气候贷款，同时促进绿色债券市场的持续发展。第三，扩大气候行动，世界银行集团与多部门联合扩大气候领域全方位的投资合作，并通过直接投资、咨询服务等方式增强气候活动对各国的影响。第四，调整与其他机构合作的内部流程，世界银行集团与合作伙伴创建、共享和实施新的气候相关解决方案。

2021年，世界银行集团更新了气候变化行动计划（Climate Change Action Plan 2021—2025），新计划指出，气候变化已是当代人类最为突出的挑战之一，世界银行集团将保持与《巴黎协定》目标一致，致力于整合气候与发展，最大限度地发挥气候融资的影响。根据该计划，世界银行集团在2021—2025年将把35%的资金用于气候变化领域，相比上一周期提升9%，这其中一半的气候变化资金将专门用于培育对气候变化的抵御能力。此外，世界银行集团还提出在六大重点领域采取气候行动，包括大幅增加气候融资、注重气候投融资产生的结果与影响力、改进和扩大气候和发展诊断方案、降低能源、粮食系统、交通等关键系统、领域、行业的排放和气候脆弱性、支持淘汰煤炭的转型、确保融资流向与《巴黎协定》目标一致。

3. 气候相关融资规模不断增长，气候适应、减缓项目规模相当

根据世界银行气候金融2019—2020年报告，世界银行集团2019年气候相关投融资规模为188亿美元，占世界银行集团当年投融资总规模的30%，比世界银行两年前制定的28%的气候投融资目标高2%。188亿美元中有142亿美元来源于国际复兴开发银行和国际开发协会。在142亿美元中，70.23亿美元用于气候适应类项目，占比49.4%；71.86亿美元用于气候减缓类项目，占比50.6%。到2020年，世界银行集团气候相关投融资规模达到220亿美元，占世界银行集团当年投融资总规模的29%。220亿美元中有172亿美元来源于国际复兴开发银行和国际开发协会。在172亿美元中，89.64亿美元用于气候适应类项目，占比52%；82.64亿美元用于气候减缓类项目，占比48%。

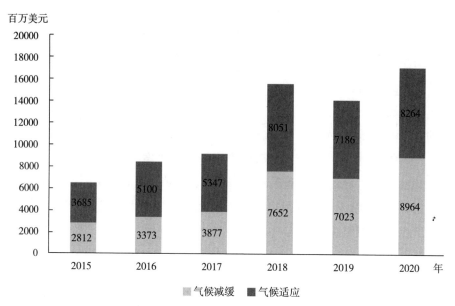

图 5-2　国际复兴开发银行 & 国际开发协会气候投融资规模

（数据来源：世界银行官网，中央财经大学绿色金融国际研究院整理）

　　从气候投融资地域投向看，2019 年国际复兴开发银行和国际开发协会 29%的气候投融资资金投向非洲，到 2020 年上升到 35%，主要包括埃塞俄比亚、科特迪瓦、肯尼亚等 39 个非洲国家；2019 年，28%气候投融资资金投向南亚，到 2020 年下降至 21%，主要包括印度、巴基斯坦、孟加拉国等 9 个国家。非洲、南亚主要以中低收入国家为主，其地域气候投融资占比较大，体现出国际复兴开发银行和国际开发协会主要为中低收入国家提供条件优惠的长期贷款、以促进其经济的发展的目标。2019 年，14%气候投融资资金投向东亚及环太平洋地区，到 2020 年升至 16%，主要包括中国、印度尼西亚、越南等 14 个国家。2019 年，12%气候投融资资金投向欧洲及中亚，2020 年保持不变，主要包括土耳其、乌克兰、乌兹别克斯坦等 17 个国家。2019 年，11%气候投融资资金投向拉丁美洲及加勒比地区，2020 年降至 10%，主要包括阿根廷、巴西、墨西哥等 18 个国家。2019 年，7%气候投融资资金投向中东及北非，到 2020 年降至 5%，主要包括埃及、约旦、摩洛哥等 7 个国家。

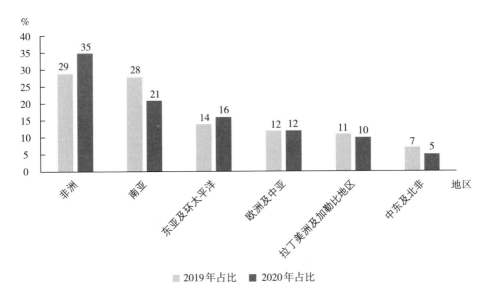

图 5-3　国际复兴开发银行 & 国际开发协会气候投融资地区分布

（数据来源：世界银行官网，中央财经大学绿色金融国际研究院整理）

　　从气候投融资资金投向看，国际复兴开发银行和国际开发协会在 2019 年将 15% 的气候投融资资金投向能源与采掘，2020 年上升至 17%，体现出各国通过发展新能源、电力存储项目应对气候变化的趋势，具体项目包括布隆迪、中国、印度、蒙古国等国的光伏、风力等新能源电站项目、水利电站项目、电力储存项目、供热项目等。2019 年 24% 的气候投融资资金投向城乡韧性项目，到 2020 年下降至 16%，具体项目包括中国、土耳其、印度等国的灾害风险管理防范项目、气候韧性加固项目、生态工业园项目、可持续发展城镇建设项目等。2019 年 11% 的气候投融资资金投向交通，到 2020 年上升至 12%，具体项目包括中国、印度、哥伦比亚、土耳其等国的乡村道路韧性项目、路网桥梁建设项目、地铁铁路改善提升项目等。2019 年 9% 的气候投融资资金投向供水，到 2020 年提升至 10%，具体项目包括秘鲁、土耳其、埃塞俄比亚、斯里兰卡等国的现代化供水和卫生服务项目、现代化灌溉项目、供水及污水处理项目等。2019 年，9% 的气候投融资资金投向农业与食品，2020 年维持不变，具体项目包括尼日尔、孟加拉国、巴基斯坦、赞比亚等国的农牧业改造项目、畜牧与乳业发展项目、农业灌溉提升项目等。2019 年 13% 的资金投向宏观贸易与投资，2020 年降至 8%，具体项目包括乌克兰、巴西、海地、乍得等国的财政和社会弹性发展政策融资、经济复苏与韧性担保/赠款、政策担保、环境可持续贷款等政府政策相关贷款、担保等。剩余气候投融资资金投向社会保障与就业、营养健康、环境自然资源与蓝色经济等其他领域。

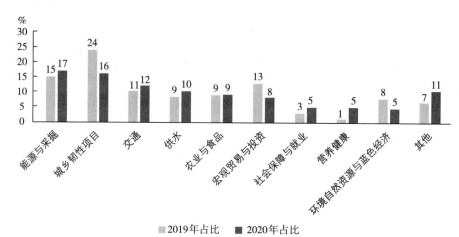

图5-4 国际复兴开发银行 & 国际开发协会气候投融资行业分布

（数据来源：世界银行官网，中央财经大学绿色金融国际研究院整理）

（二）亚洲开发银行

1. 建立宗旨是促进亚洲和太平洋地区的经济发展与合作

亚洲开发银行［Asian Development Bank，ADB（以下简称亚行）］成立于1966年12月，总部设在菲律宾马尼拉。目前，亚行作为政府间性质的亚洲区域多边开发银行，共有68个成员国。亚行建立的宗旨是促进亚洲和太平洋地区的经济发展与合作，实现亚太地区的繁荣、包容、有韧性与可持续，同时继续努力消除极端贫困。

亚行通过提供贷款、技术援助、赠款和股权投资等方式协助其成员和合作伙伴促进社会和经济发展。同时通过促进政策对话、提供咨询服务，通过利用官方、商业和出口信贷资源开展联合融资业务，最大限度地发挥其援助的影响效果。其具体任务包括：为成员国或地区成员的经济发展筹措与提供资金；促进公、私资本在各成员国或地区成员的投资；帮助成员国或地区成员协调经济发展政策，并促进其对外贸易的发展；对成员国或地区成员拟定和执行发展项目与规划并提供技术援助；与联合国及其附属机构，以及其他国际机构、各国公营、私营实体进行合作，并提供投资与援助的机会；发展符合亚行宗旨的其他活动与服务。

亚行自身开展业务的资金分三部分：一是普通资金，用于亚行的硬贷款业务，是亚行进行业务活动的最主要资金来源，资金主要来源于亚行股本、借款、普通储备金、特别储备金、净收益和预交股本等；二是亚洲开发基金，用于亚行的软贷款业务，主要用于亚太地区贫困国家或地区发放优惠贷款，资金主要来源于亚行发达成员国或地区成员的捐赠；三是技术援助特别基金，用于提高发展中国家成员或地区成员的人力资源素质和加强执行机构的建设，资金主要来源于赠款与亚洲开发基金中一定比例的资金。此外，亚行于 1988 年建立了日本特别基金，用于赠款性质的技术援助业务。

2. 亚行气候政策为积极应对气候变化，提升环境的可持续性

由于越来越多难以遏制的各类灾害和持续增强的气候变化，亚太地区面临极大的经济和社会发展风险。亚行一直在积极帮助亚太地区减轻气候影响，提升国家和地区应对气候变化的适应能力。早在 2011 年，亚行牵头开展气候变化项目（ADB Climate Change Programs），致力于提升对气候变化威胁的理解，帮助制订有效、高效的应对方案。在其制定的《2020 战略：亚洲开发银行长期战略框架 2008—2020》中，亚行将气候变化纳入规划和投资中，确保亚太地区的持续经济增长和可持续发展的未来。亚行气候变化项目、倡议和具体工程包括：气候减缓领域的碳市场项目、亚洲城市发展倡议、亚洲城市清洁空气倡议、可持续交通倡议等；气候适应领域的中亚国家土地管理倡议、提升亚太地区气候变化适应能力项目、构建适应气候变化和备灾的地区合作伙伴关系等。为了帮助发展中国家提高气候减缓和适应行动的竞争力和承担能力，亚行正在通过一系列气候减缓与气候适应基金提供优惠性资源，还设立了气候变化基金（Climate Change Fund，CCF），以促进对发展中成员国的更多投资，有效应对气候变化。2015 年，亚行承诺到 2020 年气候投融资规模增加一倍达 60 亿美元，这是多边开发银行在巴黎召开具有历史意义的联合国气候变化会议之前首次发布此类公告，而亚行在 2019 年提前一年实现了这一目标。2019 年，亚行通过自有资源提供了超过 63.7 亿美元的气候资金，此外还通过外部融资筹集了总计 7.049 亿美元。

2020 年，亚行制定并发布《2030 战略：实现繁荣、包容、有韧性和可持续的亚太地区》，提出七大优先事件，其中第三大优先事件为应对气候变化、建设气候和灾害韧性，提升环境的可持续性。为处理此优先事件，亚行提出一系列应对措施，包括加大对应对气候变化、灾害风险和环境退化的支持力度，加快温室气体低排放发展，确保建立气候和灾害韧性，确保环境的可持续性，提升对水—食物—能源关系的关心。在具体目标层面，亚行提出扩大在气候领域的支持，确保到 2030 年 75%的业务将用于支持减缓和适应气候变化。从 2019 年到 2030 年，亚行累计气候资金将达到 800 亿美元。

3. 亚行气候相关投资规模不断提升，以能源、交通运输等领域的气候减缓类项目为主

2020 年，亚行气候投资规模为 53.26 亿美元，占总体投资比重的 12%。而 2019 年亚行气候投资规模为 70.73 亿美元，占总体比重的 22%。造成 2020 年比例下降的原因主要是由于疫情肆虐下亚行增加了应对疫情的相关投资，压缩了气候相关的资金规模。

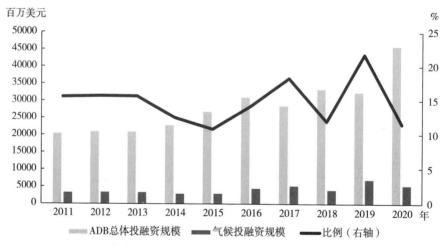

图 5-5　亚行 2011—2020 年投融资情况

（数据来源：亚行官网，中央财经大学绿色金融国际研究院整理）

具体而言，亚行 2020 年气候投融资规模 53 亿美元中，45.74 亿美元用于气候减缓类项目，占气候投融资规模的 86%，而仅有 7.52 亿美元用于气候适应类项目，占比仅 14%。

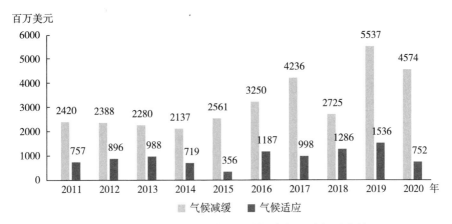

图 5-6　亚行 2011—2020 年气候减缓、气候适应投融资情况

（数据来源：亚行官网，中央财经大学绿色金融国际研究院整理）

从气候资金投向看，2020 年亚行 47% 的气候资金投向能源领域，体现出亚洲各国发展新能源应对气候变化的趋势，具体项目包括印度、越南、泰国等国的光伏、风能等新能源电站项目和中国等国的空气改善和低碳转型项目等。29% 的项目投向交通领域，具体项目包括巴布亚新几内亚、中国、印度、汤加等国的道路提升项目、智慧交通物流项目、地铁项目以及港口提升项目等。15% 的项目投向金融产品领域，具体项目包括中国山东绿色发展基金项目、印度尼西亚普惠金融创新项目、菲律宾抗灾能力改善计划项目以及涉及多国的亚洲可持续基础设施发展项目等。8% 的项目投向供水和其他城市基础设施和服务领域，具体项目包括格鲁吉亚、乌兹别克斯坦、不丹等国的供水及污水处理项目、固废处理项目、城市乡镇韧性基础设施项目等。

从气候投融资地域投向看，2020 年亚行 47% 的气候资金投向南亚地区，主要投向印度、巴基斯坦、孟加拉国等国的交通、能源、供水及污水处理项目。24% 的资金投向东南亚地区，主要投向越南、印度尼西亚、菲律宾等国的能源、交通、农业项目。24% 的资金投向东亚地区，主要投向中国、蒙古国的能源、城市基础设施、农业项目。还有 3% 的资金投向多个国家，主要是各类包含多国的可持续基础设施推进项目、风险投资技术援助、创新能源技术试点项目等。

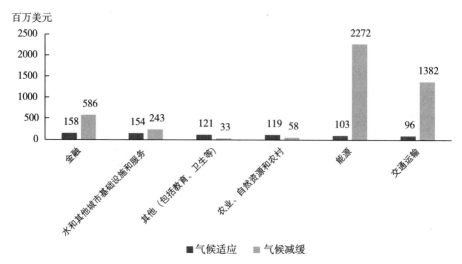

图 5-7 亚行气候投融资资金投向

(数据来源：亚行官网，中央财经大学绿色金融国际研究院整理)

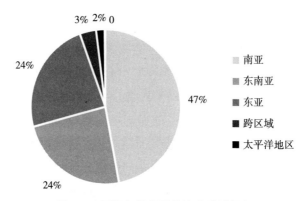

图 5-8 亚行气候投融资资金地域投向

(数据来源：亚行官网，中央财经大学绿色金融国际研究院整理)

（三）亚洲基础设施投资银行

21 世纪以来，亚洲发展中国家普遍实现了较快的经济增长，在经济总量上，亚洲经济占全球经济总量的 1/3，是当今世界最具经济活力和增长潜力的地区，但受限于资金、建设能力等因素，部分亚洲发展中国家基础设施建设严重不足，一定程度上限制了区域经济发展。在此背景下，2013 年 10

月，中国国家主席习近平在访问东南亚国家时正式提出建立"亚洲基础设施投资银行"（Asian Infrastructure Investment Bank，AIIB，以下简称亚投行）的建议，支持亚洲的基础设施建设。成立亚投行的倡议得到了诸多国家的响应和支持，2014 年 10 月，包括中国、印度、新加坡等在内的 21 个首批意向创始成员国的财长和授权代表在北京签约，共同决定成立亚投行。2015 年 12 月，亚投行正式成立。2016 年 1 月，亚投行开始运营。截至 2020 年底，亚投行已成功吸纳 103 名成员国，批准投资 108 个项目，主要涉及能源、交通、供水、通信、公共健康、市政等基础设施领域，投资总额达 220.3 亿美元，在发展中国家的基础设施建设、能源建设等领域取得重要成果。同时，亚投行成立以来，积极提出相关气候政策与投资策略，并推动应对气候变化的投融资活动，截至 2020 年 12 月，亚投行已投融资气候相关项目 47 个，金额合计 88.9 亿美元，项目个数占总投资项目的 44%，投融资金额占总规模的 40%。

1. 亚投行专注于亚洲发展中国家，重点支持基础设施建设

亚投行成立于 2015 年 12 月，2016 年 1 月正式运营，总部设在北京。亚投行专注于亚洲发展中国家，重点支持基础设施建设，其投资旨在促进经济可持续发展、创造财富和促进基础设施互联互通，愿景是建立在经济可持续发展和区域合作基础上的繁荣亚洲。亚投行的使命是为未来的基础设施融资，通过对可持续基础设施的投资，亚投行为应对气候变化、连接亚洲和世界提供了新资本、新技术和新途径。

亚投行主要有三种融资模式，即银行同业拆借、集中创始成员国主权信用发债和设立专项基金来吸纳闲散资金。此外，亚投行未来还将适时通过增资扩股吸纳新成员，扩大服务范围和提升业务能力。

截至 2020 年 12 月，亚投行已投资 108 个项目，主要涉及能源、交通、供水、通信、公共健康、市政等基础设施领域。这些项目位于亚洲和非洲的发展中国家，如中国、菲律宾、印度、巴基斯坦、埃及等国，内容涉及贫民窟改造、防洪、高速公路/乡村道路、宽带、新能源、供水及污水处理等方面。

2. 亚投行重点、优先投资绿色基础设施项目

亚投行近年来积极提出气候相关政策与投资策略，并推动应对气候变化

的投融资活动。2016 年，亚投行制定环境和社会框架，其目标包括帮助成员国及客户识别和管理环境与社会风险，包括气候变化相关风险；同时，亚投行计划优先投资减少温室气体排放和气候适应型基础设施。2017 年亚投行制定能源领域的投资策略与六大指引准则，其中就包括减少能源供给中的碳强度。亚投行将通过支持成员国投资新能源、减少化石能源的碳排放等方式减少能源领域的碳强度，以此帮助他们实现《巴黎协定》的长期气候目标。此外，能源投资新项目也必须符合绿色和可持续发展原则。

2020 年，亚投行在制定其 2021—2030 年投资策略时，再次提及将为应对气候变化提供新的资本、新的技术与新的方式，并且亚投行的核心价值包括清洁与绿色，在绿色价值阐述时，特别提及亚投行的绿色目标包括对气候适应、气候减缓项目的特别关注。此外，亚投行将重点、优先投资绿色基础设施项目，具体包括支持应对气候变化和实现环境相关发展目标的项目，通过支持成员国对绿色基础设施项目的融资，落实环境改善和气候行动相关投资，最终实现环境发展目标。还有，在 2021—2030 年投资策略中，亚投行还制定了气候金融的发展目标，即到 2025 年，50% 的项目融资为气候项目投融资。同年，亚投行与欧洲领先的资产管理公司 Amundi 推出 AIIB‑Amundi 气候变化投资框架，该框架将《巴黎协定》的关键目标转化为基本指标，以评估发行人与气候减缓、气候适应和低碳转型目标的契合程度。该框架是亚投行亚洲气候债券投资组合项目的知识产品，其目标是通过框架选择并投资长期表现出色的气候相关龙头企业。

3. 疫情影响下亚投行气候相关投资规模有所波动，投向以能源、供水为主

截至 2020 年 12 月，亚投行已投融资 108 个项目，涉及金额 220.3 亿美元，经过梳理，其中与气候相关的投资项目有 47 个，投融资金额合计 88.9 亿美元，项目个数占总投资项目的 44%，投融资金额占总规模的 40%。2016—2019 年气候投融资规模稳步增长，体现出亚投行积极贯彻优先投资促进减少温室气体排放和气候适应型基础设施的投资策略。但在 2020 年，非气候投融资规模大幅增加，这主要是由于亚投行在实际的资金统计中将医疗卫生相关投资与气候投融资分开单列，并未特别考虑医疗卫生方面投资的适应气候变化效益。在疫情肆虐下，亚投行为助力抗疫对多个亚非发展中国家提供了紧急的资金支持，新增了众多医疗卫生及健康项目投资，带来非气候融

资规模统计数据的大幅增长。

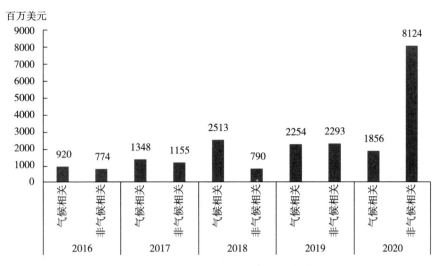

图 5-9　亚投行 2016—2020 年投融资情况

（数据来源：亚投行官网，中央财经大学绿色金融国际研究院整理）

　　具体而言，从气候投融资资金投向看，亚投行过去 5 年里有 36% 的气候投融资资金投向能源领域，体现出亚洲各国发展新能源应对气候变化的趋势，具体项目包括印度、埃及、塔吉克斯坦等国的光伏、风能等新能源电站项目，中国等国的煤炭替代项目等。26% 的项目投向供水领域，具体项目包括印度、巴基斯坦、乌兹别克斯坦等国的供水及污水处理项目以及菲律宾、印度等国的防洪项目等。17% 的项目投向交通领域，具体项目包括印度、巴基斯坦、老挝等国的城乡道路提升及气候适应性改善项目、地铁项目以及快速公交项目等。15% 的项目投向金融产品领域，具体项目包括土耳其以及包含多国的气候适应基金、可持续债务工具、气候债券投资基金等。3% 的项目投向市政工程领域，具体项目包括印度尼西亚、土耳其、马尔代夫的城市旅游基础设施项目、垃圾发电项目等。还有 4% 投向其他领域。

　　从气候投融资的地域投向看，亚投行过去 5 年里有 41% 的气候投融资资金（合计 36.72 亿美元）投向南亚地区，主要包括印度、巴基斯坦、孟加拉国等国的交通、能源、供水项目。20% 的资金（合计 18.2 亿美元）投向西亚地区，主要投向土耳其、阿塞拜疆、阿曼等国的能源、市政工程、金融产品项目。10% 的资金（合计 9.21 亿美元）投向东南亚地区，主要包括印度尼西亚、菲律宾、老挝等国的市政工程、供水、交通项目。8%的资金（合计 7.5亿美元）投向东亚地区，主要是中国的能源项目。6%的资金（合计 5.1 亿美元）投向北非地区，主要包括埃及的供水、能源项目。6%的资金（合计 4.9亿美元）投向中亚地区，主要包括乌兹别克斯坦、塔吉克斯坦、哈萨克斯坦的供水、能源项目。还有 8%的资金（合计 7.3 亿美元）投向多个国家，主要是各类包含多国的气候适应基金、可持续债务工具、气候债券投资基金等。

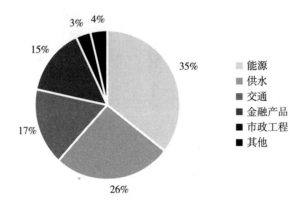

图 5-10　亚投行气候投融资资金投向

（数据来源：亚投行官网，中央财经大学绿色金融国际研究院整理）

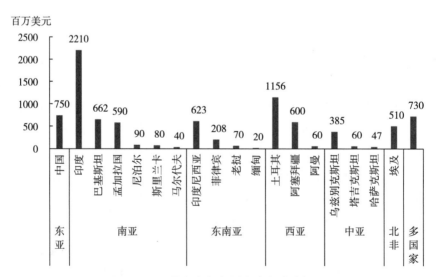

图 5-11　亚投行气候投融资资金地域投向

（数据来源：亚投行官网，中央财经大学绿色金融国际研究院整理）

（四）欧洲复兴开发银行

1. 目标是向受援国提供国外直接投资，同时推动银行体系改革与更广泛的市场化建设

欧洲复兴开发银行（European Bank for Reconstruction and Development，EBRD，以下简称欧银），成立于1991年，包含69个成员国家及2个国际组织（欧盟及欧洲投资银行）。欧银的受援国一开始以中东欧地区国家为主，后来逐渐扩增至目前横跨欧、亚、非三大洲的38国。欧银成立之初的目标为协助"后冷战"时代的中东欧国家朝向市场导向经济体发展，现今演变为向受援国的公、私部门提供大量国外直接投资，同时推动银行体系改革与更广泛的市场化建设。近年，气候投融资与低碳转型等议题逐步成为欧银的重心之一。

2. 欧银提出明确且高强度的气候目标，其投融资活动与《巴黎协定》保持一致

尽管2020年的疫情造成了一定不利影响，过去数年中欧银在绿色金融发展方面总体发展形势较好。欧银在2015年启动绿色经济转型方法（Green Economy Transition approach，GET），主要目标设定到2020年将欧银的绿色融资额从过去十年平均每年投资总额的25%增加到40%。欧银在2019年超过此目标，达到46%，但因为受到疫情影响，2020年又降到29%。2020年，欧银将大部分投资用于通过短期流动性和运营资金等工具直接帮助客户和受援国对抗疫情的影响，导致气候融资比例下降。过去十年，欧银的气候金融年承诺总额平均在40亿美元左右，2019年是十年来气候融资额最高的一年，约50亿美元。GET项目数量与融资额也呈现类似特征，2019年相较前3年有明显增加。

欧银提出明确且高强度的气候目标。目前欧银的GET已经进入2021—2025年阶段，并将目标设立为2025年气候融资比例达到50%，显示欧银虽在短期内将资金投入到疫情后的经济复苏，但仍重视气候变化可能造成的长期影响。值得注意的是，欧银在新版GET中明确承诺所有的投融资活动都将在2023年初前与国际气候协议的原则保持一致，尤其是与2015年签署的《巴黎协定》保持一致。

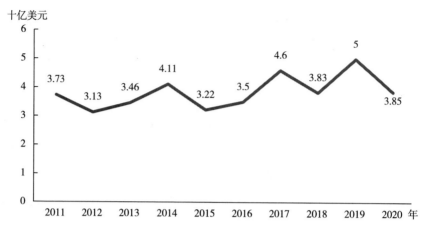

图5-12　欧银2011—2020年气候金融承诺总额

（数据来源：多边开发银行气候融资联合报告）

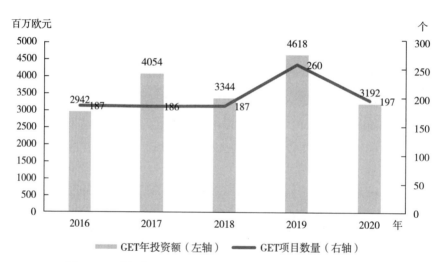

图5-13　欧银在2016—2020年GET的年投资额和项目数量

（数据来源：多边开发银行气候融资联合报告）

3. 欧银气候投融资总量有所起伏，主要用于气候减缓项目

总体而言，欧银自2016年启动第一阶段GET方法后，成效明显，但仍存在一定问题，例如减缓资金比例过高、对气候适应关注不足。同时，欧银气候资金流向也呈现私人部门占比高、高收入经济体占比相对高的特点。

欧银的气候融资中减缓规模远大于适应。但从2016年至2020年的数据来看,适应融资和减缓融资差异有缩小的趋势。2020年欧银的气候资金86%用于气候减缓活动,14%用于气候适应。相比之下,多边开发银行平均76%用于气候减缓活动,24%用于气候适应,欧银用于气候减缓的比例大于多边开发银行的平均值。

表5-1　欧银在2016年至2020年气候适应与减缓融资比例 单位:百万美元

	2016	2017	2018	2019	2020
气候适应融资	225	497	452	582	547
气候适应融资比例	6.40%	10.80%	11.80%	11.60%	14.20%
气候减缓融资	3269	4105	3374	4420	3312
气候减缓融资比例	93.60%	89.20%	88.20%	88.40%	85.80%
气候融资总额	3494	4602	3826	5002	3859

资料来源:多边开发银行气候融资联合报告。

欧银的主要受援国以中东欧国家为主,该地区经济发展较非洲、中南美洲要好,欧银不像大部分的多边开发银行将主要资金投入中低收入经济体。2020年,欧银投入中低收入经济体的气候资金规模为22.8亿美元,占气候投融资总额约60%,在各多边开发银行中仅高于欧洲投资银行。

多边开发银行的气候资金主要流向公共部门,其中对中低收入经济体的气候资金支出约80%流向公共部门,对高收入经济体的支出也有约60%流向公共部门。欧银的气候资金流向与此明显不同。2020年,在中低收入经济体中,投入公共部门和私人部门的借款比例约各占一半,而投入高收入经济体的气候融资超过80%是流向私人部门,总体来看流向私人部门的比例远高于多边开发银行平均水平。

欧银在撬动气候共同融资方面有巨大潜力,在2018年启动与绿色气候基金(Green Climate Fund,GCF)10亿美元的合作计划。合作计划的设立是为了推动发展中国家气候行动和绿色转型,涵盖亚美尼亚、约旦、哈萨克斯坦、摩洛哥、塞尔维亚、突尼斯和乌兹别克斯坦七个国家。此类型的计划可以通过引入国际资金和优惠融资条件,撬动各国当地私人部门和公共部门资本投入气候友好型项目。

（五）欧洲投资银行

1. 欧投行主要目的是配合欧盟政策，提供长期融资

欧洲投资银行（European Investment Bank，EIB，以下简称欧投行）根据1957年制定的《建立欧洲经济共同体条约》（即《罗马条约》）成立，总部在卢森堡，其成员即是欧盟成员国。欧投行为隶属欧盟的融资机构，主要目的在配合欧盟的政策，针对特定的资金计划提供长期融资给成员国以促进欧盟成员国之间的平衡发展以及经济与社会的凝聚。根据《罗马条约》相关规定，欧投行不以营利为目的，其业务重点是对在欧盟内落后地区兴建的项目、对有助于促进工业现代化的结构改革的计划和有利于欧盟或几个成员国的项目提供长期贷款或保证；也可以对欧盟以外的地区输出资本，但贷款兴建的项目须对欧盟有特殊意义（如改善能源供应），并须经该行总裁委员会特别批准。

2. 欧投行气候使命为提供将全球升温限制在1.5℃承诺所需的资金，并推动欧盟到2050年前达到碳中和

气候和环境是欧投行发展战略中的优先议题之一。欧投行的气候使命是提供将全球升温限制在1.5℃承诺所需的资金，以协助各国提高适应和减缓气候变化的能力，并推动欧盟到2050年前达到碳中和。2019年，欧盟委员会与欧盟成员国要求欧投行提高气候行动力度，为"欧洲绿色新政"提供更多支持，同时加速欧洲低碳转型。对此，欧投行设立了多个目标进行响应，包含在2021年至2030年的关键十年中投入1万亿欧元支持对气候行动和环境可持续性的投资，2025年之后气候融资与可持续发展融资比例超过50%，2020年底前将其所有融资活动与《巴黎协定》的原则和目标保持一致等。同时，欧投行对能源领域贷款提出专门目标，包括在2021年底前停止为传统化石燃料能源项目融资，并专注于可再生能源、能源效率、替代燃料和有助于这些技术发展的基础设施投资。

3. 欧投行气候投融资规模波动提升，主要用于气候减缓类项目

欧投行是气候投融资规模最大的多边开发银行，在气候领域具有巨大的影响力，也是迄今唯一一个将"气候"和"环境"两个概念区分开来的多边开发银行。2020年，欧投行的气候融资承诺额达242亿欧元，约占多边开发

银行气候投融资总额的 40%。由于欧投行主要服务于以高收入国家为主的欧盟，2020 年欧投行有 213 亿欧元资金投向高收入经济体，占欧投行气候资金总额约 88%，其也是多边开发银行中支持高收入经济体的主要资金来源，贡献了多边开发银行为高收入经济体提供的约 88% 的资金。同时，与世界银行等要求气候减缓与适应融资平衡的多边开发银行不同，欧投行主要服务于欧盟的气候减缓目标，2020 年约 90% 的气候资金用于气候减缓，仅 10% 用于气候适应。总体而言，低碳交通是欧投行关注最多的领域，获得欧投行约三分之一的气候资金；能源效率提升与新能源领域共计获得约 40% 的气候资金；欧投行还将约 5% 的资金用于研发与创新，促进气候相关技术变革。

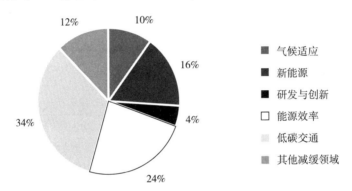

图 5-14 2020 年欧投行气候资金流向领域分布

（资料来源：欧洲投资银行官网，中央财经大学绿色金融国际研究院整理）

2020 年的新冠肺炎疫情大流行使多数金融机构将原先计划投入到气候领域的资金转移到应对疫情造成的严重经济冲击，但欧投行 2020 年反而在应对气候变化领域投入更多资金，相较前一年增长约 49 亿欧元，显示其对可持续发展的高度重视。2015 年至 2019 年，欧投行的气候投融资额在 200 亿欧元左右波动，而 2020 年则出现大幅增长。另外，欧投行气候投融资额占总投融资额的占比呈现稳步上升的趋势，从 2015 年的 27% 提高到 2020 年的 37%，但欧投行要实现其 2025 年气候投融资占 50% 的目标仍需付出更多努力。

欧投行在气候融资领域之所以能保持领先地位，与绿色债券的发行密切相关。绿色债券是一种有助于增强资本市场在气候投融资中影响力的金融工具，也可以鼓励投资者将目光转向可持续的环境投资。欧投行于 2007 年通过发行首单气候意识债券（Climate Awareness Bonds，CAB）开创了绿色债券市场，也是发行绿色债券规模最大的多边开发银行。CAB 的资金可用于低碳技术研发、提升能源效率和可再生能源发展等活动。欧投行在 CAB 的基础上于 2018 年发行可持续意识债券（Sustainability Awareness Bonds，SAB）以覆盖更多可持续发展活动并持续专注于气候相关项目。在标准适用方面，SAB 符合国际资本市场协会（ICMA）的《绿色债券原则》《社会债券原则》和《可持续债券指南》①。

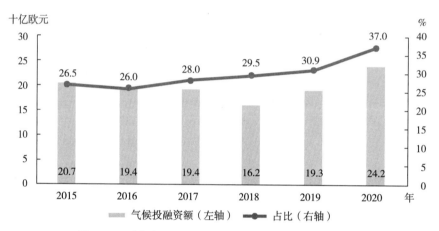

图 5-15 欧投行 2015—2020 年气候投融资规模与占比

（资料来源：欧洲投资银行官网，中央财经大学绿色金融国际研究院整理）

为提高气候投融资的影响力，欧投行通过许多创新金融工具和融资机制与外部基金合作来撬动更多私人资本参与。创新金融工具包括股权基金、分层风险基金（如绿色发展基金与欧洲能源效率基金）和母基金（如全球能源效率和可再生能源基金，GEEREF）。例如，GEEREF 是欧投行设立的规模达 2.42 亿欧元的母基金项目②，在非洲、亚洲、拉丁美洲和加勒比地区投资了 15 个基金，投资期于 2019 年 5 月底结束。该基金设立的主要目的是利用公共部门资金促进私营部门投资新兴市场的清洁能源项目。截至 2020 年，该基金已经结束投资期并完成全部投资，2.42 亿欧元资金已经投入 1.97 亿欧元，筹集资金超过 15 亿欧元，资助了建设成本超过 30 亿欧元的 164 个新能

---

① EIB. Sustainability Awareness Bonds［EB/OL］. https：//www. eib. org/en/investor_relations/sab/index. htm.

② GEEREF. What GEEREF is［EB/OL］. https：//geeref. com/about/what-geeref-is. html.

源和能效提升领域项目①。后续，欧投行和绿色气候基金将共同发起GEEREF2.0，继续扩大私营部门资本进入发展中国家的清洁能源项目②。

（六）美洲开发银行

1. 旨在促进美洲内成员国社会经济发展，帮助各成员国增强减缓和适应气候变化能力

美洲开发银行（Inter-American Development Bank，IDB，以下简称"美开行"）成立于1959年，是世界上成立最早和最大的区域性多边开发银行，截至2020年底有48个成员国。美开行是美洲国家组织的专门机构，主要提供贷款及技术援助给拉丁美洲和加勒比地区成员国政府机构或私人企业，旨在促进区域内成员国的社会经济发展。

帮助各成员国增强减缓和适应气候变化能力是美开行在其"2025愿景"中提出的五个明确目标之一。未来，美开行将通过一揽子投资计划帮助拉丁美洲和加勒比地区落实所需的大量投资以应对气候变化的物理与转型风险，并帮助从新冠肺炎疫情大流行中实现经济复苏。此外，美开行也探索运用公共部门资金和外部气候资金撬动私营部门资本，鼓励更多私营企业积极参与气候转型。

2. 疫情影响下美开行气候投融资规模有所下降，以气候减缓类项目为主

美开行将多数资金用于应对气候变化和环境可持续性议题，但受到2020年疫情影响，美开行将部分资金用于应对疫情，使得气候融资比例下降。相较于其他家多边开发银行，美开行气候融资承诺金额偏低。2019年气候融资总额为49.6亿美元，占总借出额的比例高达38%。然而，2020年的气候融资额仅34亿美元，占总额的比例下降到15.7%。

---

① GEEREF. Global Energy Efficiency and Renewable Energy Fund Impact Report 2020［R/OL］. https：//geeref. com/assets/documents/2020%20GEEREF%20Impact%20Report_Public%20version. pdf.

② UNFCCC. Fund-of-Funds Investing in Clean Energy Infrastructure in Developing Countries［EB/OL］. https：//unfccc. int/climate-action/momentum-for-change/activity-database/momentum-for-change-fund-of-funds-investing-in-clean-energy-infrastructure-in-developing-countries/.

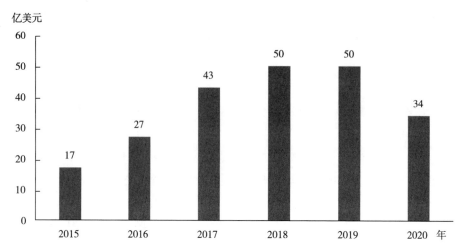

图 5-16 美开行 2015—2020 年气候投融资规模

（资料来源：MDB Joint Report on Multilateral Development Banks' Climate Finance，

中央财经大学绿色金融国际研究院整理）

美开行以较为落后、容易受到气候变化影响的拉丁美洲和加勒比地区为主要融资对象，因此多数气候融资资金投入到中低收入经济体。2019 年，美开行在中低收入经济体中气候融资金额为 44.2 亿美元，而约 5.4 亿美元投入到高收入经济体。2020 年，虽然在高收入经济体的气候融资金额增加到 9.3亿美元，但在中低收入经济体中的气候融资金额减少到 25.0 亿美元，造成气候投融资总额的大量减少。

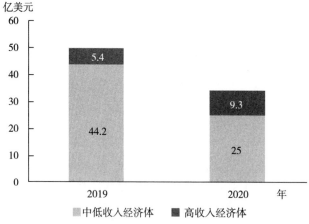

图 5-17 美开行 2019—2020 年气候投融资国家分布

2020 年，在美开行投入中低收入经济体的 25 亿美元中，约 18 亿美元用于气候减缓项目，约占 72%，而约 7 亿美元用于气候适应项目，约占 28%。这一情况与多边开发银行将 76%资金用于气候减缓的总体水平相似，而美开行投入到高收入经济体的约 9 亿美元则更为平衡，用于气候减缓和适应工作的比例各约一半。

美开行的气候融资投向在高收入经济体和中低收入经济体中都以公共部门为主。从 2020 年数据来看，在中低收入经济体中，有 13.8 亿美元投向公共部门，约占 55%，而在高收入经济体则为 62%。

除自身管理的资金外，美开行也有部分资金来源于外部合作伙伴。美开行通过与外部合作进行气候融资，利用创新的金融机制和优惠融资，达到显著的气候行动效果。2020 年，美开行落实的 34 亿美元气候融资额中有 9 成（30.6 亿美元）来源于内部资金，虽仅有 1 成来源于外部融资，但外部融资的部分将发挥更大的杠杆作用，使得投入的每一美元能额外撬动 2.6 美元的资金，达到更好的融资效果。

（七）非洲开发银行

1. 非开行致力于通过提供投资和贷款，促进成员国经济发展和社会进步

非洲开发银行（African Development Bank，ADB，以下简称非开行）成立于 1964 年 11 月，1966 年 7 月开始运营，总部设在科特迪瓦的经济中心阿比让。截至 2020 年底，非洲开发银行共有 81 个成员国，包括 54 个独立的非洲国家（地区成员）和 27 个非洲以外的国家[①]。其发展宗旨是通过提供投资和贷款，利用非洲的人力与资源，促进成员国经济发展和社会进步，优先向有利于地区的经济合作和扩大成员国间的贸易项目提供资金和技术援助，帮助成员国研究、制订、协调和执行经济发展计划，以逐步实现非洲经济一体化。

根据《建立非洲开发银行协定》第 8 条，非洲开发银行有权设立和受托管理符合其目的和职能的专项基金。根据此条款，非洲开发银行于 1972 年联

① African Development Bank Group. Corporate Information [EB/OL]. https：//www.afdb.org/en/a-bout/corporate-information.

合非洲以外的国家成立了非洲开发基金（ADF），于1976年联合尼日利亚政府成立了尼日利亚信托基金（NTF）。两只基金通过为最不发达国家提供特许项目和计划资金，并为研究和能力建设提供技术援助，致力于减少贫困，促进经济发展和社会进步。此外，非洲开发基金还特别提及帮助成员国实施适应气候变化、减缓气候变化以及灾害风险管理行动等，在其战略投向中也列示将投资于气候适应及气候减缓领域，助力气候融资。

非洲开发银行的贷款对象是非洲地区的成员国，主要用于农业、交通、通信、工业、供水等公用事业，也包括卫生、教育和私营领域的投资项目。此外，非洲开发银行还支持了一些非项目计划，如结构调整和改革贷款，技术援助和政策咨询方面的投资等。非洲开发银行贷款期限一般在12~20年，包括延展还款期5年。

非开行近年积极提出气候相关政策，并推动应对气候变化的投融资活动。2012年，为响应世界银行倡导的气候变化行动计划（Climate Change Action Plan），非开行也制定了非洲的气候变化行动计划（Climate Change Action Plan 2011—2015）。同时，制定了十年发展战略（ADB's Strategy for 2013—2022）。十年发展战略主要有两大目标，更具包容性的增长金额向绿色发展转变。绿色发展作为非洲开发银行主要目标，意味着非洲在2013—2022年将通过保护人民的生活、改善水、能源和粮食安全，促进自然资源的可持续利用，并刺激创新、创造就业和发展经济，实现非洲向绿色发展过渡。为实现绿色增长的目标，非开行制定了一系列优先事项，包括提高地域应对气候冲击能力、建设可持续的基础设施、创建生态系统服务体系、高效和可持续地利用自然资源（特别是水资源）。

2014年，为逐步实现非洲气候变化行动计划，非洲开发银行设立非洲气候变化基金，该基金作为双边信托基金，最初由德国提供619.16万美元的捐赠设立，非洲气候变化基金作为非洲应对气候变化的筹资渠道，用于支持非洲国家向气候适应和低碳发展方向转型，并增强非开行的气候投资活动。

2017年非开行更新了气候变化行动计划（Climate Change Action Plan 2016—2020），为呼应COP23会议关于加强全球应对气候变化威胁、实现《巴黎协定》关于将全球气温上升控制在1.5℃的目标，非洲开发银行于2017年11月批准了《非洲的繁荣与韧性：非洲开发银行第二份气候变化行动计划

（2016—2020）》（CCAP2）。计划指出，非洲在威胁其经济发展的气候变化不利影响面前非常脆弱，但非洲也有巨大的机会来培养应对气候变化的能力，并向低碳发展过渡。CCAP2 的战略愿景是使非洲实现"低碳和气候适应性"发展，其有四大发展目标：第一，适应和气候适应性发展；第二，气候减缓和低碳发展；第三，动员财政资源；第四，为解决跨领域问题创造有利环境。具体措施包括政策和体制改革、能力建设、技术开发和转让以及建立伙伴关系和网络等。通过实现四大目标，为气候变化行动的实施创造有利环境。此外，非开行承诺，到 2020 年每年将 40% 的资金投入气候领域以强化对应对气候变化活动的支持。还有，非洲开发银行也会动员来自国际气候基金及私人资本的资源投资于气候领域。另外，通过 CCAP2 的实施以及将气候变化和绿色增长纳入目标议程，预计到 2020 年照明和电力的投资将占每年气候投融资的 22%；饲料行业的投资将占每年气候投融资的 6%；工业化将占每年气候投融资的 3%；提高非洲人民的生活质量将占每年气候投融资的 8%。

2. 疫情影响下非开行气候投融资规模有所下降，以气候适应类项目为主

非洲开发银行过去几年中在推动气候投融资规模增长方面取得了显著的成就，但距离 CCAP2 设定的目标仍有一定距离。根据《非洲开发银行 2019 年年度报告》《建立气候智慧非洲的 10 年伙伴关系》，非开行 2019 年气候投融资规模达 36 亿美元，占银行审批额度的 35%；2020 年气候投融资规模 20.95 亿美元，占审批额度的 34%，距离在 CCAP2 中承诺的到 2020 年每年将 40% 的资金投入气候金融领域还有 6% 的差距。

从用于气候适应与气候减缓的金额看，2020 年非开行用于气候适应的投融资规模为 13.09 亿美元，占比 63%；用于气候减缓的投融资规模为 7.85 亿美元，占比 37%。相比多边开发银行整体近 76% 的资金用于减缓、24% 的资金用于减缓的比例基本相反，体现了非洲开发银行对于适应气候变化领域的重点关注，有别于绝大多数多边开发银行的投资倾向。

从融资工具来看，非开行主要以贷款的形式支持气候投融资活动，合计规模 12.93 亿美元，占比 62%。其次是各类赠款，合计规模 5.01 亿美元，占比 24%。其他融资工具还包括担保、股权融资、风险参贷等。

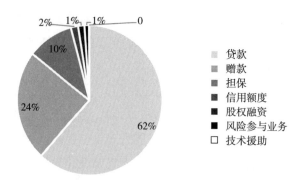

图5-18 非洲开发银行气候投融资中各类融资工具比例

（数据来源：非洲开发银行官网，中央财经大学绿色金融国际研究院整理）

非洲开发银行通过多种渠道调动各个领域的气候资金，以支持非洲的气候行动和绿色发展。2020年，非洲开发银行来源于内部的气候资金的比例达到74%，来源于外部资金的比例为26%①。对于内部资金的管理，非洲开发银行组建了气候变化与绿色发展部门（PECG），以保障银行运营过程的气候友好。PECG建立了一个包含气候安保系统和温室气体统计报告工具的气候变化工具包，以提高气候变化议题在银行中的主流程度，并由此逐步扩大银行本身以及其旗下非洲投资基金和其他内部信托基金的气候投资规模。除了内部资金外，非洲开发银行作为众多基金的执行机构，还通过管理不同基金，例如绿色气候基金（Green Climate Fund）、气候投资基金（Climate Investment Funds）、全球环境基金（Global Environment Facility）等，为众多气候行动提供捐赠、低息贷款等资金支持。此外，非洲开发银行也在积极动员社会资本参与气候投资，通过PPP或者混合融资的方式调动私募基金和其他机构投资者投入气候变化领域。

从气候投融资资金投向看，非洲开发银行24%的资金用于能源领域，合计规模497亿美元，能源领域是应对气候变化涉及较深入的领域。10%的资金用于供水领域，合计规模218亿美元，非洲通常面临洪水、干旱等气候问题，解决供水问题是非洲应对气候变化的重要课题，因此供水领域也是气候投融资的重点板块。还有部分气候投融资资金投向金融、社会、交通、农业

---

① ADB. 10 Years of Partnership for a Climate-Smart Africa［R］. 2020.

等领域。需要补充的是，非洲开发银行46%的资金投向多个领域，意味着近一半的资金并非投向单一领域，而是涉及能源、社会、交通等多领域的项目。

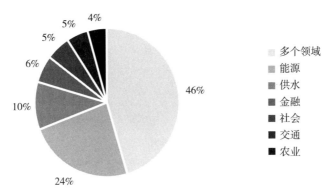

图5-19　非洲开发银行气候投融资投向领域

（数据来源：非洲开发银行官网，中央财经大学绿色金融国际研究院整理）

从气候投融资地域投向看，非洲开发银行27%的气候投融资资金投向非洲东部，主要投向了能源（如在埃塞俄比亚投资风力电站，在坦桑尼亚、肯尼亚投资地热电站）、供水、交通领域。17%的气候投融资资金投向非洲南部，主要投向了能源（如在南非投资光伏电站、风力电站）、供水（如纳米比亚供水支持计划）、社会领域。16%的气候投融资资金投向非洲西部，主要投向了森林保护、能源（如在马里投资光伏电站）、社会领域（如尼日尔农村社区食物和营养加强工程）。15%的气候投融资资金投向非洲北部，主要投向了能源（如埃及电力和绿色发展支持项目）、社会领域。9%的气候投融资资金投向非洲中部，主要投向了交通、能源（如中非共和国电网互联系统）、森林保护领域。最后，还有16%的气候投融资资金投向泛非洲，涉及多个国家地区，如泛非洲可再生能源投资基金项目，投向非洲各国的可再生能源项目等。

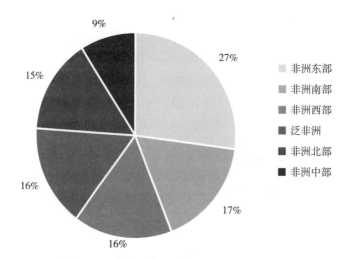

图 5-20　非洲开发银行气候投融资地域投向

（数据来源：非洲开发银行官网，中央财经大学绿色金融国际研究院整理）

（八）伊斯兰开发银行

1. 旨在为穆斯林国家的经济和社会发展提供金融服务

伊斯兰开发银行（Islamic Development Bank，IsDB，简称伊开行）总部位于沙特阿拉伯吉达，于 1973 年由第一次伊斯兰会议组织（现在称为伊斯兰合作组织①）成立，拥有 160 亿美元资产，旨在为穆斯林国家的经济和社会发展提供金融服务，包括对成员国企业进行股权投资及对经济和社会基础设施建设进行投资等，以及向私人及公共部门贷款及建立援助非成员国的穆斯林共同体特别基金。伊开行融资服务对象为中东、亚洲和非洲地区的穆斯林国家，包括沙特阿拉伯、利比亚、阿拉伯联合酋长国等 57 个成员国。伊开行向发展中的穆斯林国家提供长期低利贷款，按照伊斯兰教原则不计利息，但对贷款征收"服务税"，年利率一般为 2% 至 4%。

伊开行的气候投融资规模显著小于其他多边开发银行，其中部分原因来自伊斯兰教法的复杂性。一方面，伊斯兰教义本身已强调人类应尊崇自然法则，无须额外强调自然环境治理；另一方面，作为金融一部分的气候投融资

---

①　伊斯兰合作组织：原名伊斯兰会议组织，是伊斯兰世界的政府间国际组织，旨在促进各成员国之间在经济、社会、文化和科学等方面的合作。

只能在对伊斯兰教义解释后进行，不同穆斯林群体之间对气候变化的解释并不统一，也由此产生了不同的应对气候变化的方法，故气候问题相较于健康和社会问题等整体受重视程度较低。然而随着国际对气候议题的关注，伊开行近年愈发重视气候问题，在 2017 年成立了独立的气候投融资部门。

伊开行近年积极提出相关气候政策，展现推动气候转型的决心。在 2019 年发布"气候变化政策"（Climate Change Policy, CCP），此后于 2020 年发布"气候行动计划 2020—2025"（Climate Action Plan, CAP）。其中 CCP 主要含四大支柱：第一，将气候行动纳入伊开行主要业务；第二，增强抵御气候变化的能力；第三，重视绿色增长和支持向绿色经济转型；第四，利用各种来源的资金来扩大对气候相关活动的融资，包括国家内部资源、银行内外的私营部门机构、发展伙伴、慈善基金会等。CAP 是基于 CCP 的四大支柱所提出的更详细的实施计划，有两个主要目标：第一，支持伊开行在成员国中发展低碳、气候适应和可持续项目，特别是在基础设施、农业、水和卫生、城市服务、健康等方面；第二，该计划为伊开行提供一个以目标为导向的框架，支持其根据《巴黎协定》制订和实施将气候变化考虑在内的部门和国家发展计划，并提出伊开行在 2025 年前实现气候融资金额占总借款额的比例超过 35% 的目标。

2. 伊开行气候投融资规模较小，以气候适应类项目为主

相比于其他多边开发银行，伊开行气候融资规模的绝对值与其在整体融资规模中的占比均较低。2019 年其气候融资规模为 4.64 亿美元，仅占总借款额比例的 10%，2020 年更是下降到 2.61 亿美元，仅占 4.7%，相较伊开行《气候行动计划 2020—2025》中设定的 2025 年气候融资额占总借款额超过 35% 的目标还有相当距离。与其他多边开发银行对比，2020 年世界银行、亚洲开发银行与欧洲复兴开发银行等 8 家主要多边开发银行的总体气候融资额达 660 亿美元，其中伊开行气候资金规模最小，仅为 2.61 亿美元，不及 8 家银行总量规模的 1%，远低于位列倒数第二的亚投行的约 12 亿美元，与其他开发性金融机构相比仍有较大的提升空间。

中低收入经济体在伊开行成员国中占多数，伊开行的气候资金也几乎完全流向中低收入经济体，与绝大多数流向高收入经济体的欧投行相反。2019 年，伊开行在中低收入经济体中投入的气候资金为 4.64 亿美元，而仅有 200

万美元投向高收入经济体。2020 年伊开行有 2.59 亿美元的气候资金流向中低收入经济体，占比超过 99%。

与多边开发银行平均将 76% 资金投入到减缓气候变化工作的情况不同，伊开行将约三分之二的气候资金投入气候适应工作，2020 年投入到中低收入经济体的 2.59 亿美元中有 1.7 亿美元用于气候适应，投入高收入经济体的气候资金则减缓适应各为 100 万美元，整体气候投融资策略更侧重适应气候变化。

此外，伊开行是唯一一家的气候融资投向皆为公共部门的多边开发银行，远高于多边开发银行整体将 71% 气候资金投向公共部门的水平。这说明当前伊开行对成员国私营部门资金撬动不足，未来建议伊开行通过公共资金撬动更多私人资本以提升成员国内私营部门的气候投融资意愿与能力，为伊斯兰世界气候转型起到良好示范作用。

六、政策建议

（一）推动气候投融资发展，增加气候资金供给

近年来，尽管全球气候投融资规模不断提升，各个国家、多边开发银行等机构也积极合作应对气候变化挑战，但目前全球气候投融资依然存在资金缺口巨大，部分私营部门（如银行）仍对高污染、高耗能、高排放领域企业投融资规模维持高位，用于适应气候变化的投融资资金体量较小，部分国家气候投融资资金情况难以统计等问题。在中国，气候投融资体系尚处于初步建设阶段，相应的资金规模有待提升，市场机制依旧有待完善。针对这些问题，本文建议从以下几个方面进行优化，进一步推动全球与中国气候投融资发展。

1. 完善中国气候投融资体系建设

2020 年 10 月，《关于促进应对气候变化投融资的指导意见》发布，对我国气候投融资的体系建设进行了全面部署，提出了要加强构建气候投融资政策体系、完善气候投融资标准体系，并支持地方气候投融资试点以及碳市场等工作的开展。目前，各类细分领域的气候投融资政策有待出台，气候相关标准体系尚未健全，气候投融资的产品创新和市场培养依旧存在巨大缺口。因此，建议继续营造气候投融资良好政策环境，将气候变化因素纳入宏观和行业部门产业政策以及投融资政策，加大对气候投融资活动的政策支持力度。并加强部门间的合作，形成发改、环保、金融等多领域共同助力应对气候变化的良好机制。对于标准体系建设，建议参考《绿色债券支持项目目录》和《绿色产业指导目录（2019 年版）》以及相关技术标准，逐步制定气候投融资项目技术标准、信息披露标准、气候效益评价标准。同时建议鼓励地方积极探索气候投融资试点建设，通过财政奖补、贴息、表彰方式加大对气候投融资领域的激励，主动探索创新气候投融资产品和服务，不断激发气候投融

资市场活力。

2. 建立气候投融资数据库与项目库，助力气候项目产融对接

目前，由于数据来源限制、统计机构能力不足等问题，部分国家内部、国家间气候投融资资金流动很难被完全记录，对于中国来说也是如此。一方面建议政府部门联合相关机构加强对本国气候投融资项目、信息数据的梳理统计，建立囊括规模、行业、气候适应/气候减缓、投融资方式、投融资主体等多个维度的数据库，并根据项目的不同类别、成熟程度、资金需求程度等进行分别归类，建立对资金有显著引导作用的项目库。另一方面，加强对国际气候资金流的计量，如中国对"一带一路"、南南合作等的气候资金支持情况，以助于全球气候投融资信息的积累和统计，利于国际谈判工作的开展。具体操作上可由政府部门主导推动建立细化到企业与项目的气候投融资数据库与登记簿，对数据、投融资交易进行集中管理与服务，搭建气候投融资交易服务平台，形成对气候投融资情况监测、评价的全面支持机制。同时建议加强相关信息披露，让投融资主体及时了解市场动态与具体项目信息，促进信息交流，助力项目融资，让科研机构可以对市场及项目进行监测分析，强化气候适应与减缓的效果监测、报告与核查；还可以对项目库中具有显著气候效应的典型项目进行宣传和推广，形成大规模示范效应。

3. 有序引导社会资本参与气候投融资

目前，尽管社会资本的气候投融资规模呈现不断上升的趋势，但2020年全球最大60家银行对化石燃料公司贷款总额仍然在7500亿美元以上[①]，其中中国商业银行对化石燃料领域的贷款总额也达到了百亿美元以上的水平，需要逐步对其投融资策略进行调整优化，以符合低碳的可持续发展战略。因此，建议引导企业和金融机构秉持"先立后破"的原则，逐步推进资源的优化配置，继续加大在新能源、绿色交通、绿色建筑、能效提升、防灾减灾建设等气候减缓和适应领域的投融资，同时对于高污染、高耗能、高排放的企业或项目应做好融资调整与引导工作，助力其进行低碳转型。金融监管机构需要进一步明确应对气候工作变化所需要的资金支持，做好金融支持时间表

---

① Rainforest Action Network. Banking on Climate Chaos［R/OL］. ［2021-03-24］. https://www.bankingonclimatechaos.org/wp-content/uploads/2021/10/Banking-on-Climate-Chaos-2021.pdf.

和路线图的规划，并加强对银行等金融机构绿色业务的考核，确保社会资本向绿色低碳领域的有序转型。

4. 创新气候投融资产品与模式

引导资金进入气候投融资领域、推动气候相关项目建设，需要创新气候投融资产品与模式，以构建合理的融资渠道并提高资金利用效率。在气候投融资产品方面，国际上已制定了较为完善的气候债券标准体系，在韧性债券、韧性影响力债券等创新工具上也进行了试点探索；国内的金融领域为应对气候变化也已推出了碳中和债、可持续发展挂钩债券、蓝色债券、林业碳汇指数保险等产品，从不同角度支持了碳达峰、碳中和目标的实现。未来应结合各地资源禀赋与产业发展现状及规划，因地制宜推进气候信贷、气候债券、气候基金、气候保险等气候投融资工具的持续创新，从而为社会资金进入气候投融资领域提供载体。在气候投融资模式方面，可着力探索 PPP 等公私合作、风险共担机制，通过建立类似国际金融公司"承担第一损失"机制，使得公共资金在与社会资本共同投资时，由公共资金首先承担一部分损失，降低社会资本的风险，以满足投资者的风险回报需求，提升社会资金对气候项目的偏好。

（二）完善中国碳市场建设，探索碳金融产品的创新发展

2020 年对于全球碳市场来说是特殊的一年，在新冠肺炎疫情对各国经济带来冲击的同时，也对各地碳市场的运行造成了一定程度的影响。不过全球碳市场在此次冲击中均保持了较强的韧性，且在碳中和目标被许多国家和地区纷纷确定的背景下，各国碳市场不断发展，相关政策不断完善。而全球碳市场的发展为中国碳市场在顶层设计、市场机制、市场措施等方面也提供许多经验的借鉴。

1. 完善中国碳市场的政策体系

完善法规政策标准体系，制定低碳发展整体战略，是全国碳市场稳定运行的前提保障。碳市场的发展需要与全面深化改革部署和经济社会发展战略之间建立紧密联系，明确碳市场对于应对气候变化以及能源、产业结构转型升级的重要意义。具体来说，需要加快推进应对气候变化相关的立法进程，抓紧出台我国的《应对气候变化法》和《碳排放权交易管理暂行条例》

等关键性文件，构建全国碳市场交易的法律保障，强化对于控排企业的履约监管。同时，要继续完善我国助力双碳目标实现的政策体系，在明确碳达峰、碳中和宏观战略规划的基础上，督促各地区结合实际情况提出积极明确的达峰目标，制订达峰实施方案和配套措施。推动钢铁、建材、有色、化工、石化、电力、煤炭等重点行业制定明确的碳达峰与碳中和的时间表和路线图，并结合各行业的行动方案，持续优化全国碳市场的规划设计。

2. 继续推进碳市场基础设施和能力建设

为进一步提高我国碳排放权交易市场的有效性，积极扩大市场交易规模，充分发挥碳市场的价格发现功能，建议在健全碳市场顶层设计的基础上，持续修订完善相关的配套制度和技术规范体系。可以从配额总量设定、市场覆盖范围、配额分配制度、交易机制和交易主体入手，通过更严格的总量控制、更全面的市场行业覆盖、适当增加拍卖等有偿分配比例、完善温室气体自愿减排交易机制、增加市场交易主体等方式，形成全面稳健的碳市场交易制度。

此外，全国碳市场还应充分借鉴欧盟等地区在碳排放交易市场运行过程中的管理经验，强化碳排放监测、报告、核查等各个环节的监督管理，保障碳排放数据的质量，并加强市场风险管理，建立有效的市场稳定机制，探索利用市场稳定储备等调控工具强化对碳价的稳定与管理，从而为碳市场搭建坚实的市场基础。而随着未来全国碳市场逐步纳入除电力以外的更多行业，建议除了当前对于控排企业和政府监管部门开展碳市场基础技能培训之外，同样针对各行业特点对其他行业开展必要的能力建设工作。也应从实现"3060目标"出发，探索建立长期的应对气候变化相关教育和科研体系，通过相关专业与学科建设，培养低碳行业所需的各类专业人才，促进碳市场长期可持续发展。

3. 推动碳金融发展

在碳市场稳定运行和市场碳价合理有效的基础上，建议探索碳金融产品的创新发展，研究制定推出碳期货等衍生产品的时间表和路线图，逐步提升和优化碳市场的有效性。碳期货是以碳现货市场的交易经验为基础，应对市场风险而衍生的碳期货商品，而碳期货市场的发展是碳期货以及其他碳金融产品创新的基石。发展碳期货市场有利于碳市场的风险管理、套期保值，促进价格发现，降低交易成本，同时碳交易期货市场能够更加有效地配置碳资产。因此，研究启动碳期货市场建设，扩大碳市场的层次体系，实现碳现货市场与期货市场互利互动，能够推动碳排放权交易体系的良好建设。除此之外，建议以气候投融资试点为平台，积极探索多样化的碳金融产品创新，发挥碳配额质押贷款、碳保证保险、碳债券、碳指数等相关产品对于碳减排工作的支持作用，并充分调动地方碳金融创新的主观能动性，形成良好的碳金融发展市场氛围。

（三）加快生物多样性投融资进程，助力应对气候变化协同

生物多样性是地球生命的基础，然而目前对生物多样性保护的关注程度远不及气候变化或环境问题。不管从媒体宣传，还是从实际资金支持角度，生物多样性保护都需要公众更多的支持。为了推动生物多样性投融资，本部分提出了推动社会资本参与、将生物多样性流失风险纳入绿色金融投资决策考量、开展生物多样性评价考核的相关建议。

1. 推动社会资本参与，提升生物多样性支持力度

由于全球生物多样性投融资规模严重不足，相关工作的开展正面临着巨大障碍。目前，中国已在"十四五"规划中将生物多样性保护纳入了重点工作，因此需要大力推动社会资本参与生物多样性投融资，以助力对生物多样性保护活动的支持。一方面，应当引导银行、基金等金融机构通过探索发行生物多样性主题理财产品、投资基金，并利用债券、非标准化债权资产和股权等综合化投资手段，支援国家生物多样性保护重大工程的实施，支持绿色基础设施和其他基于生态系统的项目建设[1]。另一方面，建议建立政府与社会资本联动的项目投融资机制，鼓励采用 PPP、EOD 等模式推动生物多样性项目落地，发挥社会资本在融资、建设、运营、技术等方面的能力优势，同时部分减少地方政府的财政压力。

2. 将生物多样性流失风险纳入绿色金融投资决策考量

在当前我国全力推动生物多样性保护的背景下，可借助绿色金融体系的

---

① 蓝虹，张奔. 如何利用绿色金融推动生物多样性保护？［J］. 可持续发展经济导刊，2020（11）：30-32.

建设基础，将生物多样性流失风险纳入投资决策考量。在绿色项目的投融资过程中，建立系统化的生物多样性风险评价机制，综合评估企业、项目的资源消耗对区域内生物多样性以及大气、水、土壤、森林等环境和生态要素的影响和适当性，并通过比对同业均值和有关国内外标准等方式，评价生产消耗与区域资源矛盾、被迫迁移可能性、关键环境影响管理绩效、海洋污染事故等方面因素对投资风险的影响。通过将生物多样性流失风险纳入投资决策考量，有利于形成生物多样性友好型的投资方向引导，同时有助于进一步完善绿色金融的环境评价体系，并有望通过风险管理的完善改善投资者的长期投资表现①，提高市场对于生物多样性领域的投资意愿。

3. 构建政府和企业端的生物多样性绩效评价考核指标

生物多样性工作的推进需要伴随定期的绩效考核，而绩效考核的前提是建立适当的评价指标体系。对政府与企业而言，均应构建科学的绩效评价考核指标，以保障经济活动与生物多样性目标的一致性。开展生物多样性绩效评价考核，能够提升生态文明建设、绿色发展在政府考核中的地位，增加生态效益、环境损害等考核权重，形成推动生物多样性保护的正向激励，充分调动各级政府对生物多样性保护的积极性，间接推动生物多样性投融资。具体而言，政府首先需要完成生态系统价值核算，编制地方自然资源资产负债表，了解自然资源的变化及其对生态环境的影响。其次，构建生物多样性评价指标，将生物多样性纳入领导干部、金融机构、企事业单位的评价考核体系，制定实施生态环境责任追究和环境保护督查制度，并定期监测考核。再次，建立健全社会监督体系，推进生物多样性保护监督主体多元化，同时积极采取协商、听证、论证等方式，强化对生物多样性保护和相关项目的监督。

（四）拓宽公共卫生领域融资渠道，强化适应气候变化能力建设

此次新冠肺炎疫情将公共卫生领域推到公众视野，引起公众对公共卫生体系建设的重视。在全球正在发生以气候变暖为主要特征的变化的背景下，未来气候变化给人类社会和经济带来的不利影响还将进一步增大，加强

---

① 蓝虹，张奔. 如何利用绿色金融推动生物多样性保护？[J]. 可持续发展经济导刊, 2020 (11): 30-32.

应对气候变化和公共卫生体系建设的两大战略工作均势在必行，两者也都需要大量的资金投入。在气候融资相对成熟的前提下，如何通过气候融资减缓气候变化的负面影响，减轻公共卫生体系面临的压力，同时提升适应气候变化能力，为公共卫生体系建设募集资金将是一项重要的议题。

1. 调整气候资金支持比例，拓宽投向公共卫生领域的资金来源渠道

当前我国适应气候变化的资金仍然存在较大的缺口，意味着气候脆弱的地区和领域依旧面临较大的气候风险，而公共卫生领域的建设作为适应气候变化工作的重要环节，也需要得到各方在融资方面的特别支持。特别需要关注气候变化脆弱地区的公共医疗卫生基础设施建设，气候变化条件下媒介传播疾病的监测与防控，以及疾病防控体系、健康教育体系和卫生监督执法体系建设，并致力于提升整体适应气候变化能力。具体来说，不仅要维持并提高对这一领域的财政资金支持，还要探索利用国际资金、慈善资金和社会资本进行公共卫生体系建设。可通过创新气候融资工具，尝试利用这些工具为公共卫生领域募集资金的金融实践，譬如发行"疫情"债券、设立公共卫生专项基金、设立公共卫生专项信贷风险补偿资金池，为相关项目贷款提供风险补偿等。此外，鼓励采用混合融资、绿色 PPP 等公私合作机制，建立风险共担机制，降低社会资本进入风险，保障其项目收益，提升社会资本对气候友好型和公共卫生领域项目的投资偏好。

2. 明确气候投融资标准，精准引导气候资金投向公共卫生领域

我国的气候投融资标准体系目前仍在逐步健全，相关气候金融产品创新尚未得到明确的政策指引，需要针对气候投融资形成涵盖减缓和适应气候变化领域的金融产品标准，以为进一步引导气候资金流向公共卫生领域打通渠道。目前国际上对于气候投融资活动也无统一标准，现行的气候债券标准也尚未明确包含对公共卫生领域项目支持的细则。建议我国在建立完善的气候投融资项目标准以外，对具体的气候金融产品出台详细的管理办法与适用标准，并在气候贷款、气候债券、气候保险等产品体系下进一步创新韧性债券、适应债券、韧性保险等产品品种，强化对于适应气候变化以及公共卫生建设的资金支持。在健全的标准体系下，还建议进一步完善气候资金的统计体系，将现有的防疫债券、防疫贷等公共卫生领域金融产品纳入气候投融资的统计中，对于完善我国气候资金统计体系、强化国内外气候合作发挥更大的

作用。

（五）加强多边开发银行的气候行动，持续推动气候金融产品创新

多边开发银行对应对气候变化的重视程度正在逐步加强，这一点在多边开发银行近年来的气候融资进展中得到了突出的表现。总体来说，由于全球气候资金巨大缺口的存在，多边开发银行仍需持续加大对应对气候变化领域的资金支持力度，并积极发挥公共资金对社会资本资金投向的引导作用，以助力全球应对气候变化工作的开展。

1. 构建具有示范效应的气候金融投资框架，做好气候投融资信息披露

目前，尽管部分多边开发银行已经建立了自己的环境和社会框架，但大部分还没有针对应对气候变化领域建立相应的原则。后续，多边开发银行可以借鉴国际上现行的气候标准，对现有环境和社会框架进行改良和完善，建立自己的气候投融资框架，并以此框架推动气候相关基础设施项目建设，助力各大洲低碳发展和适应工作的开展，并帮助多边开发银行的各成员国履行对《巴黎协定》的承诺。此外，部分多边开发银行未对气候项目的投融资建立专门的气候投融资板块，在项目库中也没有对气候项目进行分类，对单个项目用于气候减缓、气候适应的规模和比例也没有说明。因此建议多边开发银行在继续推进有利于应对气候变化的基础设施建设外，做好气候项目的信息披露，建立拆分气候减缓、气候适应以及细化到具体行业及使用规模的项目信息库，建立对气候投融资项目使用金额、实际用途、跟踪情况等全周期气候项目信息披露机制，同时做好投资气候项目的存续期管理、监测及评价，保障公共资金对于气候投向的公开透明和有效。

2. 推动气候金融产品创新示范

目前，尽管各大多边开发银行有参与设立诸如气候债券投资基金、气候适应基金、绿色发展基金等气候基金，也有发行转型债券等气候债券，但总体而言，大部分多边开发银行气候项目的投融资模式以发放贷款为主。虽然多边开发银行针对准公益性为主的气候项目，贷款相比其他投资模式，收益稳定，风险较小，但后续也需进一步开拓气候金融业务，创新气候金融产品。气候债券领域可尝试发行气候金融债、可持续发展债券支持气候项目融资，同时通过气候债券投资基金等投资支持气候债券、蓝色债券、气候相关

ABS 等创新型债券品种。气候基金领域可继续设立气候减缓、气候适应、气候变化相关投资基金，间接参与气候龙头企业、气候项目的股权/债务融资。同时把来自公共部门的资金和私人资本融合，有效调动私人资本对气候项目的投资热情。